北京市政建设集团有限责任公司　企业标准
管道工程施工技术规程

编　号：Q/BMG 107—2009
　　　　JQB-214-2009

中国建筑工业出版社

图书在版编目（CIP）数据

管道工程施工技术规程/北京市政建设集团有限责任公司制定．—北京：中国建筑工业出版社，2010
ISBN 978-7-112-11669-0

Ⅰ．管… Ⅱ．北… Ⅲ．管道施工-技术操作规程 Ⅳ．TU81-65

中国版本图书馆 CIP 数据核字（2009）第 224592 号

责任编辑：田启铭　姚荣华
责任设计：赵明霞
责任校对：袁艳玲　赵　颖

北京市政建设集团有限责任公司　企业标准

管道工程施工技术规程

*

中国建筑工业出版社出版、发行（北京西郊百万庄）
各地新华书店、建筑书店经销
北京千辰公司制版
世界知识印刷厂印刷

*

开本：787×1092 毫米　1/16　印张：7½　字数：188 千字
2010 年 1 月第一版　2010 年 1 月第一次印刷
定价：**32.00** 元
ISBN 978-7-112-11669-0
　　　（18817）

版权所有　翻印必究
如有印装质量问题，可寄本社退换
（邮政编码　100037）

北京市政建设集团企业标准编写委员会名单

主　　任：王健中
副 主 任：关　龙　焦永达
顾　　问：张　闽　李　军　张　汎　白崇智
　　　　　上官斯煜
委　　员：鲍绥意　吴培京　李国祥　刘卫功
　　　　　崔　薇　李志强　陈庆明　陈贺斌
　　　　　刘翠荣　汪　波
执行主编：孔　恒　董凤凯　刘彦林　张国京
　　　　　王维华　吴进科　宋　扬

《管道工程施工技术规程》

主　　编：孙仪琦

副 主 编：焦永达　苏河修　张国京

审定专家：（按姓氏笔画排序）

　　　　　王文治　王金贵　王维华　张涿娃

　　　　　赵　滨　郭　嘉　萧　岩　彭立英

　　　　　董凤凯

编 写 人：（按姓氏笔画排序）

　　　　　刘宇飞　张守将　张　远　李　杰

　　　　　姜殿斌　高国明　梁京伟　熊怡思

前 言

北京市政建设集团有限责任公司企业标准包括九册技术规程和五册工艺规程，本企业标准是由北京市政建设集团有限责任公司长期在一线从事施工技术且具有丰富施工经验的技术骨干和专家历时三年多时间编写而成，其内容基本涵盖了市政工程施工的主要专业技术领域。

本企业标准是北京市政建设集团有限责任公司50多年来施工经验的总结和广大工程技术人员聪明智慧的结晶。尤其是不少同行和专家在百忙之中参与审定工作，他们高度负责精神对企业标准编制发挥了重要作用，对此表示由衷的感谢。

编写企业标准其目的在于加强北京市政建设集团有限责任公司施工的标准化、规范化，提高企业的技术水平和管理水平，提高企业的市场竞争能力；是企业适应我国加入WTO后建筑业发展形势所必需，是企业进入建筑市场参与市场竞争的一个重要技术条件。

本标准将为本企业在制定投标方案、编制施工组织设计、专项施工方案、进行技术交底、检查验收施工质量、组织技术培训等工作作为参考资料使用。在使用企业标准过程中，如遇到与国家标准、行业标准和地方标准相矛盾时，应以国家标准、行业标准和地方标准为准。

技术规程和工艺规程编写的侧重点不同，技术规程主要针对项目总工、专业工程师等工程技术管理层面；工艺规程主要针对作业层面的工艺技术指导，工艺规程是以分项或分部工程为对象编制的，每项施工工艺包括适用范围、施工准备、操作工艺、质量标准、质量记录、安全与环保、成品保护七个方面的内容。

其中技术规程前四册（合订本）为通用专业，分别为《市政基础设施工程测量技术规程》Q/BMG 101—2009、《土方与地基施工技术规程》Q/BMG 102—2009、《混凝土结构施工技术规程》Q/BMG 103—2009和《砌体结构施工技术规程》Q/BMG 104—2009；后五册分别为《道路工程施工技术规程》Q/BMG 105—2009、《桥梁工程施工技术规程》Q/BMG 106—2009、《管道工程施工技术规程》Q/BMG 107—2009、《给水与排水构筑物工程施工技术规程》Q/BMG 108—2009和《城市快速轨道交通工程施工技术规程》Q/BMG 109—2009。通用专业技术规程为专业工程提供了一些市政工程施工中常用的技术要求，以上九册技术规程要配套使用；工艺规程部分共五册，计222项工艺，分别为《道路工程施工工艺规程》Q/BMG 201—2009、《桥梁工程施工工艺规程》Q/BMG 202—2009、《管道工程施工工艺规程》Q/BMG 203—2009、《给水与排水构筑物工程施工工艺规程》Q/BMG 204—2009和《城市快速轨道交通工程施工工艺规程》Q/BMG 205—2009。

本册为《管道工程施工技术规程》Q/BMG 107—2009，有正文、附录、条文说明三部分，共计16章62节；主要包括：总则，术语，基本规定，施工准备，管道交叉处理，预制成品运输、存放与安装，钢制管道施工，排水管道施工，给水管道施工，供热管道施工，燃气管道施工，开槽施工电力沟，不开槽法施工，沉管与桥管施工，冬雨期施工，管道功能性试验。附录：7个。

由于编者水平有限，本企业标准难免有疏漏和错误之处，希望读者能批评指正，以便进一步修订完善。

目 录

1 总则 1
2 术语 2
3 基本规定 5
4 施工准备 7
5 管道交叉处理 9
   5.1 一般规定 9
   5.2 悬吊 9
   5.3 支托 10
6 预制成品运输、存放与安装 11
   6.1 管节运输 11
   6.2 管节存放 11
   6.3 排管 12
   6.4 沟槽下管 12
   6.5 安管 14
7 钢质管道施工 15
   7.1 一般规定 15
   7.2 除锈与防腐 15
   7.3 钢管连接 17
8 排水管道施工 25
   8.1 一般规定 25
   8.2 预制混凝土管 25
   8.3 化学管材管道安装 27
   8.4 现浇钢筋混凝土管（渠） 28
   8.5 预制装配式渠道 30
   8.6 砌筑渠道 32
   8.7 倒虹管道 33
   8.8 检查井 33
   8.9 进出水口构筑物 35
9 给水管道施工 37
   9.1 一般规定 37
   9.2 球墨铸铁管安装 37
   9.3 预应力（自应力）混凝土管安装 38
   9.4 聚乙烯（PE）管、硬聚氯乙烯（PVC-U）管安装 39

9.5　预应力钢筒混凝土管安装 …………………………………………… 42
　　9.6　玻璃钢管安装 ………………………………………………………… 44
　　9.7　管道附件安装 ………………………………………………………… 44
　　9.8　闸井 …………………………………………………………………… 45
10　供热管道施工 ………………………………………………………………… 47
　　10.1　一般规定 …………………………………………………………… 47
　　10.2　管道安装与连接 …………………………………………………… 47
　　10.3　管件与管件安装 …………………………………………………… 48
　　10.4　支座、支架、吊架 ………………………………………………… 48
　　10.5　管道伸缩与补偿装置 ……………………………………………… 49
　　10.6　管道保温 …………………………………………………………… 51
　　10.7　直埋预制保温管道安装 …………………………………………… 53
　　10.8　管沟与检查室 ……………………………………………………… 53
11　燃气管道施工 ………………………………………………………………… 55
　　11.1　一般规定 …………………………………………………………… 55
　　11.2　管道安装 …………………………………………………………… 55
　　11.3　聚乙烯管、聚乙烯复合管安装 …………………………………… 56
　　11.4　管道附件与设备安装 ……………………………………………… 57
　　11.5　检查井 ……………………………………………………………… 58
12　开槽施工电力沟 ……………………………………………………………… 59
13　不开槽法施工 ………………………………………………………………… 61
　　13.1　一般规定 …………………………………………………………… 61
　　13.2　顶管法施工 ………………………………………………………… 62
　　13.3　盾构法施工 ………………………………………………………… 70
　　13.4　浅埋暗挖法施工 …………………………………………………… 71
　　13.5　定向钻法施工 ……………………………………………………… 71
14　沉管与桥管施工 ……………………………………………………………… 74
　　14.1　一般规定 …………………………………………………………… 74
　　14.2　穿越水域管道施工 ………………………………………………… 74
　　14.3　架空管道安装 ……………………………………………………… 75
15　冬雨期施工 …………………………………………………………………… 76
　　15.1　冬期施工 …………………………………………………………… 76
　　15.2　雨期施工 …………………………………………………………… 77
16　管道功能性试验 ……………………………………………………………… 78
　　16.1　一般规定 …………………………………………………………… 78
　　16.2　压力管道水压试验 ………………………………………………… 79
　　16.3　无压管道的闭水试验 ……………………………………………… 83
　　16.4　无压管道的闭气试验 ……………………………………………… 84
　　16.5　给水管道冲洗与消毒 ……………………………………………… 85

16.6　供热管道功能性试验与清洗、试运行 …………………………… 86
　　16.7　燃气管道吹扫与功能性（允许渗水量）试验 …………………… 88
附录A　地下管线的代号和颜色 …………………………………………… 91
附录B　工程管线之间及其与建（构）筑物之间的距离规定 …………… 92
附录C　电焊条规格 ………………………………………………………… 99
附录D　电力沟施工缝 ……………………………………………………… 104
附录E　闭水法试验 ………………………………………………………… 105
附录F　注水法试验 ………………………………………………………… 106
附录G　本规程用词说明 …………………………………………………… 107
条文说明 ……………………………………………………………………… 108

1 总　则

1.0.1 为贯彻国家对建设工程的质量要求，规范与提高本企业管道工程施工技术，保证管道工程的施工质量，特制定本规程。

1.0.2 本规程是依据国家、行业、地方现行有关标准，并总结本企业长期施工技术经验制定。

1.0.3 本规程适用于本企业承建的雨水、污水、中水、给水、供热、燃气、电力等管道工程施工。

1.0.4 本规程应与《市政基础设施施工测量技术规程》Q/BMG 101、《土方与地基施工技术规程》Q/BMG 102、《混凝土结构施工技术规程》Q/BMG 103、《砌体结构施工技术规程》Q/BMG 104 配套使用。

1.0.5 在确保工程质量的前提下，应努力实现科技进步。采用新技术、开发新工法、使用新材料应进行试验，经过评审，制定专项规定后，方可实施。

1.0.6 施工中应做好施工安全和环保工作，符合现行《北京市供热与燃气管道工程施工安全技术规程》DBJ 01—86、《北京市市政基础设施工程暗挖施工安全技术规程》DBJ 01—87、《北京市给水与排水工程施工安全技术规程》DBJ 01—88 和《北京市市政工程施工安全操作规程》DBJ 01—56 的有关规定。

1.0.7 本规程未作规定的内容，尚应符合现行国家有关标准、规范、规程的相关规定。

2 术 语

2.0.1 压力管道　pressure pipeline

指管道内输送的介质是在受压状态下运行的管道，也称为非重力流管道。

2.0.2 无压管道　non-pressure pipeline

管内运行介质靠其重力自流的管道，也称为重力流管道。

2.0.3 刚性管道　rigid pipeline

管体结构在管顶竖向压力作用下变形很小，不足以引起管体两侧土体产生弹性抗力，可不考虑管土共同工作的管道。

2.0.4 柔性管道　flexible pipeline

管体结构在管顶竖向压力作用下，其变形将导致管侧土体产生弹性抗力，需要考虑管土共同工作的管道。

2.0.5 化学建材管　chemical material pipelines

本规程指玻璃纤维管或玻璃纤维增强热固性塑料管（简称玻璃钢管）、硬聚氯乙烯管（PVC-U）、聚乙烯管（PE）、聚丙烯管（PP）及钢塑复合管的统称。

2.0.6 刚性接口　rigid joint of pipelines

不能承受弯曲应力的管道连接，如用水泥类材料嵌缝或用法兰连接的管道接口。

2.0.7 柔性接口　flexible joint of pipelines

能承受弯曲应力的管道连接，如用橡胶圈等材料嵌缝连接的管道接口。

2.0.8 管渠　canal, ditch, channel

指采用砖、石、混凝土砌块砌筑的、钢筋混凝土现场浇筑的或采用钢筋混凝土预制构件装配的矩形、拱形等异型断面的输水通道。

2.0.9 硬聚氯乙烯（PVC-U）管　Unplasticized Polyvinal Chloride

由氯乙烯单体聚合而成的一种非结晶型通用热塑性塑料。硬聚氯乙烯管的特点是有较高的硬度和刚度。

2.0.10 高密度聚乙烯塑料管（统称为 HDPE 管）　high density polyethylene pipe

以高密度聚乙烯树脂为主要原料制成的热塑性塑料管材。

2.0.11 热熔连接　fusion joint

用专用加热工具加热连接部位，使其熔融后，施压连接一体的连接方式。热熔连接方式有热熔承插连接、热熔对接连接等。

2.0.12 电熔连接　electrofusion joint

管材或管件的连接部位插入内埋电阻丝的专用电熔管件内，通电加热后使连接部位熔融，且连接成一体的连接方式。

2.0.13 机械式连接　mechanical joint

用金属材料或高强度塑料制作的管件，用专用工具以机械紧固和密封，使管材与管件紧密连接的连接方式。

2.0.14 卡套式连接 compression joint

由带锁紧螺帽和丝扣管件组成的专用接头而进行管道连接的一种连接。

2.0.15 牺牲阳极阴极保护 cathodic protection with sacrificial anode

通过与作为牺牲阳极的金属组件耦接而对管道提供负电流以实现阴极保护的一种电化学保护方法。

2.0.16 试验压力 test pressure

管道、容器或设备进行耐压强度和气密性试验规定所要达到的压力。

2.0.17 水压试验 pressure test

为检查管道、设备和系统的强度与密封情况，对其充水并在试验压力下保持一定时间所进行的试验。

2.0.18 闭水试验 water fight test

对已铺设的管（渠）按规定的水头，用注水的方法检验其在规定压力值时，是否符合规定的允许渗漏标准的试验。

2.0.19 闭气试验 air-fight test

对已铺设的管段，按规定充气的方法，检验其在规定压力值时，是否符合规定的泄漏量的试验。

2.0.20 严密性试验 leak test

对已铺设好的管道用液体或气体检查管道渗漏情况的试验统称。

2.0.21 管道清洗 purging of heat-supply pipeline

为清除在安装、检修过程中遗留在管道内的脏物，用较大流速的蒸汽、压缩空气或水等对管道进行的连续吹洗或冲洗。

2.0.22 检查井 manhole

为检查、清理和维护等功能，修建在给水排水管道、热力沟、电力沟等地下管道设施上有出入口的构筑物的总称，常由井室、井筒、盖板、井盖等组成，俗称人孔。

2.0.23 供热 heat-supply

向热用户供应热能的技术。

2.0.24 热网 heat-supply net work

由热源向热用户输送和分配供热介质的管线系统。

2.0.25 供热管线 heat-supply pipeline

输送供热介质的管道及沿线的附属构筑物的总称。

2.0.26 管沟铺设 in-duct installation

管道铺设在管沟内的铺设方式。

2.0.27 直埋铺设 directly buried installation

管道直接埋设于土壤中的铺设方式。

2.0.28 管道支座 pipe support

直接支承管道并承受管道作用力的管路附件。

2.0.29 活动支座 movable support

允许管道和支承结构有相对位移的管道支座。

2.0.30 滑动支座 sliding support

管托在支承结构上做相对滑动的管道活动支座。

2.0.31 管道支架 pipeline trestle

将管道或支座所承受的作用力传到建筑结构或地面的管道构件。

2.0.32 活动支架 movable trestle

允许管道与其有相对位移的管道支架。

2.0.33 固定支架 fixing trestle

不允许管道与其有相对位移的管道支架。

2.0.34 补偿器 compensator for thermal expansion

起热补偿作用的管路附件。

2.0.35 方形补偿器 U-shaped expansion joint

由四个90°弯头构成"⌐⌐"的弯管补偿器。

2.0.36 套筒补偿器 sleeve expansion joint

由用填料密封的芯管和外套管组成的，两者同心套装并可轴向伸缩运动的补偿器。

2.0.37 钢骨架聚乙烯复合管 steel frame PE pipe

在管壁内用钢丝网或钢板孔网增强的聚乙烯（PE）复合管的统称。

2.0.38 高支架 high trestle

地下铺设管道保温结构底净高4m及其以上的管道支架。

2.0.39 定向钻法 directional drilling method

利用水平钻孔机钻进小口径的导向孔，然后回扩钻孔，同时将管道拉入孔内的施工方法。

3 基本规定

3.0.1 从事市政基础设施管道工程施工的施工单位应具备相应的施工资质,施工人员应具备相应的资格。工程施工和质量管理应具有相应的施工技术标准。

3.0.2 施工单位应建立、健全施工技术、质量、安全生产等管理体系,制定各项施工管理规定,并贯彻执行。

3.0.3 施工单位在开工前应编制施工组织设计,对关键的分项、分部工程应分别编制专项施工方案,冬、雨及高温期间施工还应编制相应的季节性施工方案;施工组织设计、专项施工方案必须按规定程序审批后执行,有变更时要办理变更审批。并经审批程序批准后实施。

3.0.4 管道工程所用的各种管材、附件、构(配)件和绝缘、防腐、保温等主要原材料等产品,应符合设计要求和国家现行有关标准的规定。各种材料、产品均应具有合格证和技术性能检验报告,经进场验收合格后方可入库。进场验收时应检查产品质量合格证、技术性能检验报告、使用说明书;进口产品应有商检报告及证件等,并按国家有关规定进行复验。

3.0.5 管材、管件、半成品、构(配)件、接口材料、保温、防腐材料等在运输、保管和施工过程中,应采取有效措施防止损坏、锈蚀或变质。使用前应复验,合格后方可使用。

3.0.6 现场配制的混凝土、砂浆等原材料配合比和制备应符合《混凝土结构施工技术规程》Q/BMG 103 和《砌筑结构施工技术规程》Q/BMG 104 中的相关规定。

3.0.7 用于施工中检查、验收使用的计量器具和检测设备,必须经计量检定、校准合格后方可使用。承担材料和设备检测的单位,应具备相应的资质。

3.0.8 施工临时设施应根据工程特点合理设置,并有总体布置方案。对不宜间断施工的项目,应有备用动力和设备。

3.0.9 管道工程测量放线应符合《市政基础设施工程测量技术规程》Q/BMG 101 的有关规定。管道工程土方与排降水施工应符合《土方与地基施工技术规程》Q/BMG 102 的有关规定。

3.0.10 施工遇有管道交叉时,应按设计文件核实管径与高程;发现矛盾时,应及时报告有关方面,按设计要求处理;施工过程中对既有管道进行临时保护时,所采取的措施应征求有关单位意见。

3.0.11 新建管道与既有同类管道接通或进入既有各种管道、检查井室时,应获得相关部门批准且事先会同建设、管理单位、权属单位制定技术安全措施,并在管理单位配合下采取技术安全措施后方可施工。

3.0.12 管道穿越铁路、公路、建(构)筑物时,应事先取得相应管理部门批准;并应在完成对既有设施加固后,方可进行穿越施工。

3.0.13 管道工程施工质量控制应符合下列规定：

　　1 各分项工程应按照施工技术标准进行质量控制，每分项工程完成后，必须进行检验；

　　2 相关各分项工程之间，必须进行交接检验，所有隐蔽分项工程必须进行隐蔽验收，未经检验或验收不合格不得进行下道分项工程；

3.0.14 管道功能性试验应符合设计要求，并应制订试验方案；试验中所用仪器设备、附属设施等应经计算后选定。

4 施 工 准 备

4.0.1 工程施工合同签订后,施工项目部应及时索取工程设计图纸和相关技术资料,指定专人管理并公布有效文件清单。

4.0.2 施工项目部技术负责人应主持对设计图纸及相关技术资料的学习与审核,领会设计意图,掌握施工设计的要求,并应形成会审记录。施工图有疑问、差错时,应及时提出,如需变更设计,应按相应程序报审,经相关单位签证认定后实施。

4.0.3 施工项目部应依据设计文件和设计技术交底的工程测量的控制桩点进行复测。当发现问题时,应与设计方协商处理,并应形成记录。原测桩有遗失或变位时,应补钉校正。

4.0.4 施工项目部应组织有关施工人员深入现场调查研究,了解、掌握下列情况和资料:
　　1 地形地貌、工程地质和水文地质勘测资料。
　　2 工程影响范围内地上与地下管线、杆线、房屋等建(构)筑物以及地下文物等详细情况。
　　3 工程设计文件、施工标准、检测方法或手段。
　　4 工程现场用地、交通运输、疏导等环境条件与供电、供水、通信等动力条件。
　　5 工程材料、施工机械供应条件。
　　6 气象资料与现场排水环境条件。
　　7 拆迁进展状况。

4.0.5 根据施工合同要求和相关技术标准、规范、规程的规定,结合工程实际情况,制定工程施工的关键工序与特殊施工过程等施工方案;编制能指导现场施工和控制预算的实施性施工组织设计。

4.0.6 施工组织设计的主要内容应包括:编制依据;工程项目概况;工程项目施工目标;施工部署;进度计划;资源配置计划;主要施工方法与技术措施(包括新技术、新工艺、新材料、新设备应用和冬、雨期施工等措施);施工总平面布置;安全措施;环保措施;交通组织;拆迁配合等。

4.0.7 施工项目部技术负责人在施工前应向施工人员讲解工程特点、设计要求、相关技术规范、规程要求及获准的施工方案,进行技术交底,并应形成记录。

4.0.8 项目经理应按质量计划中关于工程分包和物资采购的规定,经招标程序选择并评价分包方和供应商,并应保存评价记录。

4.0.9 应根据施工组织设计确定的质量保证计划,确定工程质量控制的单位(子单位)、分部(子分部)、分项工程和检验批,报有关方面批准后执行,并作为施工质量控制的基础。

4.0.10 应结合工程特点对现场作业人员进行安全技术培训,特殊工种应持证上岗,以满足施工要求;并应保存培训记录。

4.0.11 应根据现场与周边环境条件、交通状况制定交通疏导或导行方案,报道路管理和交通管理部门批准后予以实施。当断路施工时,应修筑保证车辆、行人安全通行的通畅便线、便桥。

4.0.12 根据工程特点、现场环境状况,规划、设计建立现场临时生产、生活设施,依据安全、文明、环保、卫生等城市管理的要求搞好临时施工设施的建设。

4.0.13 开工前,施工单位应与施工现场所在地的基层政府、社区、社会单位,建立联系,征求意见,开展社会联系工作,创造良好的施工环境。

4.0.14 施工前,对需使用的机具,应经检验、试运行,确认合格后方可使用。

4.0.15 起吊、安装使用起重机等机械,应避开高压线或保持安全距离。起重机、桩工等机械严禁在电力架空线路下方作业,吊装与载物等机械需在其一侧作业时,与电力架空线路的最小距离必须符合表4.0.15的规定。

表4.0.15 挖掘机、起重机、桩工机械(含吊物、载物)与电力架空线路的最小距离

电力架空线路电压(kV)		1	1~15	20~40	60~110	220
距离(m)	垂直方向	1.5	3	4	5	6
	水平方向	1	1.5	2	4	6

5 管道交叉处理

5.1 一般规定

5.1.1 管道开槽施工前应根据有关单位提供的地下管线（地下管线的标志见附录A）资料进行确认，并应对管道交叉现场进行实地勘测，制定加固、保护或迁移措施；按设计要求进行管道交叉处理施工。

5.1.2 施工中遇管道与其他管道等构筑物的距离未能满足设计要求（各种管道间安全距离见附录B）时，应报有关方面采取技术处理措施。

5.1.3 对需加固、保护的管道，应根据管道的种类、环境条件、暴露时间和长度等制定相应的处理方案以及防雨、防冻、防碰撞的措施。施工过程中对悬吊、支托设施应经常维护，保持完好。

5.1.4 管道自身质量、断面较大时，宜采用支墩、支架或复合支撑加固。管道自身质量较小（如电缆、小口径给水管与燃气管等）时，宜采用单梁或复合吊架悬吊。如有必要应对可能渗漏的管节内部设置套管或采取密封措施。

5.1.5 管道加固、保护方案应征得相关管理单位确认，施工中应请管理单位派员现场监护。

5.1.6 施工中应在悬吊或支托的管线暴露段的四周划定保护区域，设置围挡与警示标识，严禁非作业人员进入。

5.1.7 管道交叉处理和对建（构）筑物采取加固措施后，应会同相关单位共同检验，确认合格后，方可进行后续施工。

5.2 悬 吊

5.2.1 当管径或质量较小、允许有一定变位的管道（线）跨越沟槽时，应对管道（线）采取悬吊措施。

5.2.2 吊梁、悬吊杆件的断面、长度、间距等应根据被悬吊管道（线）的管径、质量、结构状况等经计算确定。

5.2.3 被悬吊的管道底部应设支垫。管道设有防护层时，尚应在管道外底与支垫间设弹塑性材料衬垫。

5.2.4 吊梁的两端应置于坚固的基础上，吊梁应水平，支点应稳固，悬吊杆件应垂直。

5.2.5 施工过程中应经常检查，保持被悬吊管节稳定、接口不变位。

5.2.6 拆除悬吊设施应符合下列规定：

  1 被悬吊管道（线）下方应先采用砌体或低强度混凝土支墩作永久支撑，或用白灰土、土等填实，其支撑力应满足被悬吊管道（线）解除悬吊后安全使用的要求。

  2 被悬吊管道（线）下方支墩或回填质量经检查确认符合要求后，在管理单位监护下方可拆除悬吊设施。

  3 用支墩作永久支撑的管道，悬吊设施拆除后应将管道下的空隙全部回填密实。

5.3 支 托

5.3.1 当管径或质量较大的管道跨越沟槽时，对管道宜采取混凝土、砌体墙或支墩等支托措施。

5.3.2 支托结构应根据既有管道的管径、质量、承载和结构状况等，经计算确定。

5.3.3 被支托管道下的土方开挖和支托结构施工的程序、方法应依据土质、管道结构、承载与跨越长度等确定。施工中必须确保被支托管道的结构安全，保持其正常运行。

5.3.4 支托结构必须置于原状土上，与管道间应紧密吻合，不留空隙。

6 预制成品运输、存放与安装

6.1 管节运输

6.1.1 运管前应根据管节、管件的管径、质量、长度选择运输车辆。严禁超载、超高运输。运输中对大口径柔性管应采取在管内加支撑的方法防止管节变形、滚动和损伤管外保护层的措施。

6.1.2 吊装管节、管件应采用较宽的柔韧吊带或专用吊具，不得用钢丝绳或铁链直接接触管节。设有防腐层钢管、化学管管节应使用天然或合成纤维专用吊带。

6.1.3 装卸车时应轻吊、轻放，严禁拖拉、抛摔、拖滑和碰撞坚硬物；管节必须垫稳、绑牢。管节间或管节与车厢间不得发生碰撞。

6.1.4 运输承插口管节时，应区分承口端、插口端，交替码放。

6.1.5 有防腐层钢管、化学管材运输宜采用支架固定，长途运输时，宜采用套装方式装运，套装的管材间应有衬垫材料，保持相对稳定。闸门、管件等散件应根据其形状、结构、质量、大小等装箱整体运输或选用适宜的方法固定。

6.1.6 管件运输过程应将闸门关闭，严禁用钢丝绳捆绑操作轮、螺孔或用吊钩直接勾吊管件的接口部位。

6.1.7 运输中对法兰盘面、预应力混凝土管承插口、钢管丝扣及金属管、化学管管外壁及管口，应采取保护措施，不得损伤。

6.1.8 现场人工运送管节应选用专用运管车或手推车。运速应均匀，并有防倾覆措施。

6.2 管节存放

6.2.1 管节、管件应按施工顺序分类堆放。堆放时必须支垫稳固、堆放高度应符合产品技术标准或生产企业的规定。堆放场地应平整、坚实、取用方便。堆放高度不得大于2m。

6.2.2 卸车时必须检查管节、管件状况，确认无坍塌、无滚动危险，方可卸管，并应专人指挥，轻吊轻放。

6.2.3 化学管节堆放时，温度不宜超过40℃，并远离热源及带有腐蚀性试剂或溶剂的地方。室外堆放必须有遮盖物严禁阳光下暴晒，堆放高度不得超过1.5m，堆放附近应有灭火器或消火栓。

6.2.4 管节在槽边临时存放时，距槽边不得小于2m，码放高度不得高于2m，且不得与沟槽平行。

6.3 排 管

6.3.1 现场排管应根据施工环境、管材种类、管径、管长、沟槽等情况选择排管方式。

6.3.2 在沟槽边排管时，场地应平坦、无积水，应根据土质、槽深确定管节与沟槽边的距离，但不得小于1m且管节应摆放稳固。

6.3.3 在沟槽上方架空排管时，应符合下列规定：

 1 沟槽顶部宽度不宜大于2m。

 2 在沟槽上口处应置放两根以上横梁，横梁顶面高程应相同。横梁与槽边土基搭放长度应根据土质和沟槽宽度、边坡及承载量确定，但不得小于800mm。

 3 排管时用的跨沟槽横梁，其断面尺寸、长度、间距应经计算确定。严禁使用槽朽、劈裂、有疖疤的木材做横梁。

 4 横梁上排列的管节两侧应用木楔搜紧。

6.3.4 在沟墙上方架空排管时，横梁两端在沟墙上的搭置长度不得超过墙外缘，并应符合本规程第6.4.5条有关规定。

6.3.5 在沟槽内排管前，应先将三通、阀门等管件定位，再逐个定出接口工作坑的位置，依据施工需要挖接口工作坑。

6.3.6 采用起重机移动下管，宜在沟槽边排管或随运管车移动将管节吊运至沟槽底，在沟槽内人工推运排管；用倒链下管时，应在沟槽上方或沟墙上方架空排管。

6.3.7 承插式管材宜在沟槽内用专用机具排管，承口应朝向安装前进的方向。

6.4 沟槽下管

6.4.1 下管前应逐件核对管节、管件，确认符合设计要求。对有内外防腐层、保护层或保温层的钢管等遭受损伤的部位，下管前应修复完好。

6.4.2 下管前应确认沟槽的土基高程、沟槽宽度符合要求且槽壁稳定方可下管。并应根据下管需要清理管侧堆土。

6.4.3 在混凝土基础上下管时，除基础顶面高程与宽度应符合质量要求外，混凝土强度不得小于5MPa。

6.4.4 如沟槽底遇有岩石或坚硬地基时，应按设计要求进行基础处理，设计无要求时，应在地基上铺设砂砾垫层，其厚度应符合表6.4.4的规定。

表6.4.4 砂砾层厚度

管 道 种 类	管径（mm）		
	≤500	>500且≤1000	>1000
金属管（mm）	≥100	≥150	≥200
非金属管（mm）	150～200		

6.4.5 下管时沟槽底应采取垫木板或方木等保护管节的措施。

6.4.6 下管时不得抛、摔管节，管节不得与槽壁支撑或槽下的管节等相互碰撞。需在沟槽内运管时，不得扰动天然地基或砂砾垫层。

6.4.7 钢管、化学建材管管节组成管段下管时，管段的长度、吊距，应根据管径、壁厚、外防腐层材料的种类及下管方法确定。

6.4.8 起重机下管应符合下列规定：

1 施工前根据沟槽深度、土质、环境条件等，确定吊车距槽边的距离、管材排放位置及其他配合事宜。吊车进出道路应提前进行平整，并保持畅通。

2 起重机下管应有专人指挥。指挥人员应熟悉所吊运管节、管件、闸门等对吊装的工艺要求。

3 吊索应准确置于吊点，吊具应安装牢固，吊点应同时受力，起吊应平缓、速度均匀、回转平稳，下落应慢速轻放，不得突然制动。

4 吊运管节时应选定适用的吊具，吊点应距管端 $0.12L$（L 系管长），当吊索间夹角大于 60°时，应采用辅助吊具。

5 吊运管节时下方严禁有人。管节距沟槽底或管基面 500mm 时，作业人员方可靠近。必须在管节就位经固定或卡牢后，方可松绳、摘钩。

6.4.9 捯链下管应符合下列规定：

1 悬挂捯链的三角架应据承载力经计算确定。

2 三角架应置于坚实的地基上，且用木板支垫稳固，底脚宜呈等边三角形，支腿应用横杆连成整体。

3 置于横梁上的管材两侧应用木楔揳紧。

4 用捯链将管节吊起，确认三角架处于稳定状态后，方可撤出横梁。

5 钢管段较长采用多个倒链下管时，应由一个信号工统一指挥，同步作业，保持管段平稳下落到槽底。

6 符合上条第 5 款的规定。

6.4.10 人工下管应符合下列规定：

1 当沟槽较浅、作业环境较狭窄、机械不宜进出时或管径小且质量较轻时，可根据现场环境情况采用人工下管；

2 管径小于或等于 500mm 可用溜绳法、人工抬运或绳索拴系下管。

3 管径大于或等于 600mm 钢筋混凝土管可用压绳法下管。

4 管径大于 900mm 的钢筋混凝土管，应开坡道（马道），埋设锚固管柱固定大绳。

5 用锚固混凝土管柱下管时，最小管径应符合表 6.4.10-1 的规定。管柱埋深为管长的 1/2，管柱外周应填土夯实。需使用坡道时，坡度不陡于 1∶1，宽度为管长增加约 1000mm。

表 6.4.10-1 锚固混凝土管柱最小管径

下管管径（mm）	管柱管径（mm）
≤1100	600
1250～1350	700
1500～1800	800

6 下管用的大绳应质地坚固、无断裂。其截面直径应参照表 6.4.10-2 的规定。

表 6.4.10-2 下管大绳截面直径

管径（mm）			大绳截面直径（mm）
钢管、球墨铸铁管	预应力钢筋混凝土管	混凝土管及钢筋混凝土管	
≤300	≤200	≤400	20
300~500	300	500~700	25
600~800	400~500	800~1000	30
900~1000	600	1100~1250	38
1100~1200	800	1350~1500	44
—	—	1600~1800	50

7 绳带兜管的位置与管端距离不得小于300mm。

8 施工时必须统一指挥，两根大绳用力一致，使管体平衡、均匀、稳定落入沟槽。

6.4.11 浇筑混凝土平基的沟槽内，槽底的宽度大于管节长度时，槽内运管宜横向滚运；槽底宽度小于管节长度时，可用滚杠或用特制的运管机具纵向运管。在未浇筑混凝土平基础的沟槽内用滚杠或运管机具运管时，槽底应铺垫木板或型钢。

6.5 安 管

6.5.1 安装前宜将管节、管件，按照施工方案的规定摆放，摆放的位置应便于起吊及运送。橡胶圈等接口材料应放置在干净、安全且便于取用的地方。

6.5.2 管道安装应先确定检查井、闸门、管件的位置，并据以进行安管。

6.5.3 设于管道上的闸阀，安装前应进行启闭检验，必要时进行解体检验，合格后方可安装。

6.5.4 切割管节宜使用专用机具切割，切口端面应平整，并与管轴线垂直。

6.5.5 管道安装时，宜自下游开始。每当管道暂停铺设时，应将管口封堵。每日作业前、后应对封堵进行检查。

6.5.6 管道安装时应将管节的中心、高程逐一调整正确，安装后的管节应再进行复测，确认合格，方可进入下一道工序。

6.5.7 铺设于套管内的管道段，应在管段功能性试验合格后方可铺设，且铺设于套管内的管段不宜有环向焊接接口。套管施工质量应符合要求，套管内壁应光洁，支架等符合设计要求。

7 钢质管道施工

7.1 一般规定

7.1.1 本章适用于给水、供热、燃气、中水和水处理厂压缩空气等钢质管道安装。

7.1.2 钢管管材应根据输送介质的种类、介质压力、介质温度等相应选择符合现行《低压流体输送用焊接钢管》GB/T 3091、《流体输送用无缝钢管》GB/T 8163、《承压流体输送用螺旋焊缝埋弧焊钢管》SY 5036、《低压流体输送用螺旋缝埋弧焊钢管》SY 5037、《承压流体输送用螺旋缝高频焊钢管》SY/T 5038、《一般低压流体输送用螺旋缝高频焊钢管》SY 5039 规定且符合设计要求的管材。

7.1.3 管材应有出厂合格证、焊口强度、严密性检验报告。

7.1.4 管材的除锈与防腐绝缘应在工厂内施作。管材不得有超出壁厚允许值的锈蚀、斑疤、机械划痕。

7.1.5 管道安装前,应逐节检查管材、管件的防腐层外观质量及其绝缘性能。外观质量良好,绝缘性能符合要求,方可使用。

7.1.6 管件应与管材规格等级匹配,宜优先使用工厂定型产品。法兰盘应符合《钢制管法兰类型与参数》GB/T 9112 的有关规定。

7.1.7 参加钢质管道焊接的焊工必须持有符合现行《现场设备、工业管道焊接工程施工及验收规范》GB 50236 规定的特种设备操作人员资格证,且在证书有效期内。焊工间断焊接 6 个月,应重新考试,合格后上岗。每个焊工应有工号,完成焊接口将工号标明。

7.1.8 首次使用的钢管、焊接材料、焊接方法与工艺,均应进行工艺试验,符合要求后应制定实施焊接工艺方案,并执行。

7.1.9 施工中应减少沟槽或管沟内的固定口焊接数量。

7.1.10 焊接用焊条的化学成分、机械性能、强度应与管材相匹配,具有良好的工艺性能,质量应符合现行《碳钢焊条》GB/T 5117、《低合金焊条》GB/T 5118 的规定,焊条应干燥。

7.1.11 钢管道安装焊接作业完成后,或每日下班后,应将管口封堵严密。

7.1.12 钢管焊接后应按相关规范的规定进行焊缝的无损探伤检验。

7.1.13 管道保护应符合现行规范《埋地钢质管道阴极保护技术规范》GB/T 21448 的有关规定。

7.2 除锈与防腐

7.2.1 钢管、管件的除锈、防腐工作宜由管材加工厂按设计要求的除锈和防腐绝缘等级完成并提供产品合格证与防腐等级的检验报告。材料进入现场后应进行质量复验，合格方可使用。

7.2.2 钢管、管件需要进行现场除锈时，应符合下列规定：

1 除锈宜在生产环境符合现行《涂装作业安全规程 涂装前处理工艺安全及其通风净化》GB 7692 规定的独立车间进行。

2 钢材表面除锈质量应按设计要求和现行《涂装前钢材表面锈蚀等级和除锈等级》GB 8923 的规定执行。管道除锈宜采用喷射或抛射除锈，其等级为 Sa1、Sa2、Sa2$\frac{1}{2}$ 和 Sa3。

3 局部除锈宜采用手工和动力工具除锈，其等级为 St2 和 St3。

4 已经除锈处理的钢管表面应及时进行防腐处理。

7.2.3 管道防腐应符合下列规定：

1 防腐宜在生产环境符合本规程 7.2.2 条有关规定的独立车间进行。

2 钢管及管件防腐前应逐根进行外观检查和测量，并应符合下列要求：

1）钢管弯曲度应小于钢管长度的 0.2%，椭圆度应小于或等于钢管外径的 0.2%。

2）焊缝表面应无裂纹、夹渣、重皮、表面气孔等缺陷。

3）管材表面局部凹凸应小于 2mm。

4）管材表面应无斑疤、重皮和严重锈蚀等缺陷。

3 防腐材料应符合下列要求：

1）防腐材料应有出厂质量证明书及检验报告、使用说明书、出厂合格证、生产日期及有效期。

2）各种原材料应包装完好，按厂家说明书的要求存放。

3）防腐材料在运输、储存和施工过程中，应采取有效措施，防止变质和污染环境。涂料应密封保存，严禁明火和暴晒。

4）各种原材料应在有效期内使用。在使用前均应进行检测，性能达不到规定要求的不得使用。

4 涂料防腐层施作应符合下列要求：

1）涂料种类、性能、涂刷层数、涂层厚度及表面标记等应符合设计要求。一般条件下，明装无保温层管道、设备等，应涂一道防锈漆和两道面漆；有保温层时，应涂两道防锈漆。暗装管道应涂两道防锈漆；涂层厚度应符合产品说明要求。

2）多种涂料配合使用时，调制成的涂料内不得有漆皮等杂物，并应按涂刷工艺要求稀释至适当稠度，搅拌均匀，色调一致，并及时使用。

3）涂刷时的环境温度和相对湿度应符合涂料产品说明书的要求。当无要求时，环境温度宜在 5~40℃之间，清洁、干燥、通风良好的环境中进行涂刷。当环境温度低于 -5℃时，不宜进行涂料施工。

4）在现场涂刷时，应防止漆膜被污染和受损坏。前一遍漆膜未干前不得涂刷第二遍漆。全部涂层完成后，漆膜未固化干燥前，不得进行下道工序施工。

7.2.4 管道外防腐层为挤压聚乙烯防腐层、熔结环氧粉末防腐层、聚乙烯胶带防腐层时，其普通级和加强级基本结构应符合表 7.2.4 的规定。

表 7.2.4 防腐层基本结构

防腐层		防腐层基本结构		国家现行标准
		普通级	加强级	
挤压聚乙烯防腐层	二层	(170~250) μm 胶粘剂+聚乙烯 厚 1.8~3.0mm	(170~250) μm 胶粘剂+聚乙烯 厚 2.5~3.7mm	SY/T 0413
	三层	≥80μm 环氧+(170~250) μm 胶粘剂+聚乙烯 厚 1.8~3.0mm	≥80μm 环氧+(70~250) μm 胶粘剂+聚乙烯 厚 2.5~3.7mm	SY/T 0413
熔结环氧粉末防腐层		(300~400) μm	(400~500) μm	SY/T 0315
聚乙烯胶带防腐层		底漆+内带+外带 ≥0.7mm	底漆+内带搭接50%+外带搭接50% ≥0.7mm	SY/T 0414

7.2.5 用涂料和卷材做加强防腐层时，除符合上述的有关规定外，尚应符合下列规定：
1 涂刷底漆应均匀完整，无空白、凝块和流痕。
2 玻璃纤维的厚度、密度、层数应符合设计要求，缠绕重叠部分宽度应大于布宽的1/2，压边量宜为10~15mm。用机械缠绕时，缠布机应匀速前进，钢管应匀速旋转，二者配合适度。
3 玻璃纤维两面沾油应均匀，经刮板或挤压滚轮后，布面无空白，不得淌油和滴油。
4 防腐层的厚度不得小于设计要求。玻璃纤维与管壁应粘结牢固、缠绕紧密均匀，表面应光滑，不得有气孔、针孔和裂纹。钢管两端应留200~250mm空白段。

7.2.6 已完成防腐的管道、管件、附件、设备等，在漆膜干燥过程中应防止雨淋、冻结、撞击、振动和湿度剧烈变化，并应做好成品保护。损坏的漆膜在下道工序施工前应提前进行修补，并进行检验。

7.3 钢 管 连 接

7.3.1 钢管焊接安装应符合下列规定：
1 管道铺设前应先核对管材的规格型号，对受损伤的内、外防腐层经修补合格，符合设计要求后，方可安装。
2 检查每根管节的管口尺寸作好编号，选择管口相对偏差较小的管节组对；直焊缝卷管管节几何尺寸允许偏差应符合表7.3.1-1的规定。

表 7.3.1-1 直焊缝卷管管节几何尺寸允许偏差

项 目		允许偏差（mm）
周长	$D \leq 600$	±2.0
	$D > 600$	±0.0035D
圆度		管端 0.005D；其他部位 0.01D
端面垂直度		0.001D，且不大于1.5
弧度		用弧长 $\pi D/6$ 的弧形板测量管内壁或外壁纵缝隙处形成的间隙，其间隙为 0.1t+2，且不大于4；距管端200mm纵缝处的间隙不大于2

注：① D 为管内径（mm），t 为壁厚（mm）。
② 圆度为同端管口相互垂直的最大直径与最小直径之差。

3 对口时应调整对口间隙,确定管节纵向错缝位置,并用400mm水平尺,围绕接口周围顺序找平,错口不得大于表7.3.1-2的规定。

表7.3.1-2 钢管对口时错口允许偏差

图示	壁厚（mm）	2.5~5	6~10	12~14	≥16
（错口示意图）	错口允许偏差（mm）	0.5	1.0	1.5	2.0

4 管节端面应与管中心线垂直,管节对口时,且应对管口整圆并修口,修口的各部尺寸应符合表7.3.1-3的规定。偏差为1mm,采用氩弧焊时,对口间隙宜为2~4mm。

表7.3.1-3 电弧焊端面各部尺寸

修口形式		间隙b（mm）	钝边p（mm）	坡口角度α（°）
图示	壁厚t（mm）			
（坡口示意图）	4~9	1.5~3	1.0~1.5	60~70
	10~26	2.0~4.0	1.0~2.0	60±5

5 管节对口时,相邻的纵向焊缝的位置应沿环向排开;纵向焊缝应放在管道中心垂线上半圆的45°左右处。纵向焊缝应错开,当管径小于600mm时,错开的环向间距不得小于100mm;当管径大于或等于600mm时,错开的环向间距不得小于300mm。

6 管节对口时,管壁厚度相差不得大于3mm。

7 不同管径的管节相连时,当两管径相差大于小管管径的15%时,宜用渐缩管连接。渐缩管的长度应大于两管径差值的2倍,且不得小于200mm。

8 直线管段两相邻环向焊缝的间距不得小于200mm;在直线管段上加设短管节时,短管节的长度不得小于800mm。

9 有加固环的钢管,加固环的对焊焊缝应与管节纵向焊缝错开,其间距不得小于100mm;加固环距管节的环向焊缝不得小于50mm。

10 环向焊缝距管道支架净距不得小于100mm。

11 管道任何位置不得有十字形焊缝。

12 弯管起弯点至接口的距离不得小于管径,且不得小于100mm。

7.3.2 焊接应符合下列规定:

1 焊条应与管材材质相匹配;应根据管材的材质、管径和壁厚、管道工作条件、焊接工艺条件选用焊条。焊条的规格、标准见附录C。焊条使用前应进行烘干,烘干后的焊条应采取措施进行防湿贮存;不得使用受潮、掉皮的焊条。

2 焊接前,应将焊口两侧各不少于10mm范围内的铁锈、污垢、油脂等清除干净,使金属呈光泽状态。在焊接过程中,应采取措施,保护施焊范围不受风雪和雨水的侵袭。

3 焊接前接口点焊所用的焊条性能与焊缝的质量应与管道焊接要求相同。

4 钢管的纵向焊缝端部及螺旋管焊缝的端部,不得进行对口点焊。

5 点焊厚度应与第一层焊接厚度相同，其焊缝根部应焊透，点焊长度和间距，宜按表7.3.2的规定选用。

表7.3.2 钢管接口点焊长度和点数

管径（mm）	点焊长度（mm）	环向点焊点（处）
350~500	50~60	5
600~700	60~70	6
≥800	80~100	点焊间距不宜大于400mm

6 点焊后的焊口不得用大锤敲打。在焊接第一层前，应对点焊处进行检查，发现裂纹时，应铲除重焊。

7.3.3 电弧焊接应符合下列规定：

1 管道接口焊接前应制定焊接部位顺序和施焊工艺方法，防止产生温度应力集中。

2 手工电弧焊焊接钢管及附件时，厚度小于6mm且带坡口的接口，焊接层数不得少于两层。

3 多层焊接时，第一层焊缝根部应焊透，且不得烧穿；焊接以后各层，应将前一层的熔渣清除干净。每层焊缝厚度宜为焊条直径的0.8~1.2倍。各层引弧点和熄弧点应错开。

4 钢管道的闭合接口焊接和异形管件焊接，应选择闭合温差较小的时段进行。夏季宜在较低温度时段，冬季宜在较高温度时段施焊。

5 平焊电流宜采用按公式（7.3.3）计算：

$$I = k \times d \quad (7.3.3)$$

式中 I——电流，A；
d——焊条直径，mm；
k——系数，根据焊条决定，宜为35~50。

6 立焊和横焊电流应比平焊小5%~10%；仰焊电流应比平焊小10%~15%。

7 焊缝的施焊层数、焊条直径和电流强度，应根据被焊管材钢板的厚度、坡口形式和焊口位置确定，可按表7.3.3-1~表7.3.3-3选用。但横、立焊时，焊条直径不得超过5mm；仰焊时，焊条直径不得超过4mm。

表7.3.3-1 不开坡口对接电弧焊接的焊接层数、焊条直径及电流强度

管材钢板厚度（mm）	焊缝形式	间隙（mm）	焊条直径（mm）	电流强度平均值		备注
				平焊	立、仰焊	
3~5	单面	1	3	120	110	如焊不透时应开坡口
5~6	双面	1~1.5	4~5	180~260	160~230	

表7.3.3-2 V形坡口和X形坡口对接电弧焊接的焊接层数、焊条直径及电流强度

管材钢板厚度（mm）	层数	焊条直径（mm）		电流强度平均值（A）	
		第一层	以后各层	平焊	立、横、仰焊
6~8	2~3	3	4	120~180	90~160
10	2~3	3~4	5	140~260	120~160
12	3~4	4	6	140~260	120~160
14	4	4	5~6	140~260	120~160
16~18	4~6	4~5	5~6	140~260	120~160

表 7.3.3-3　搭接与角接电弧焊接的焊接层数、焊条直径及电流强度

管材钢板厚度 (mm)	焊接层数	焊条直径（mm）		电流强度平均值（A）		
		第一层	以后各层	平焊	立焊	仰焊
4~6	1~2	3~4	4	120~180	100~160	90~160
8~12	2~3	4~5	5	160~180	120~230	120~160
14~16	3~4	4~5	5~6	160~320	120~230	120~160
18~20	4~5	4~5	5~6	160~320	120~230	120~160

注：搭接或角接的两块钢板厚度不同时，应以薄板计。

8　管径大于 800mm 时，应采用双面焊。

9　冬期在 0℃ 以下的气温中进行焊接时，工作场所应作好防风、防雪的措施。焊前应清除管道上的冰雪；焊接时，应采取防止焊口加速冷却的措施；焊接过程中保证管道焊缝能自由收缩；不得在刚完成焊接的管道上敲打；冬期焊接时的气温和管材预热应符合表 7.3.3-4 的规定。

表 7.3.3-4　钢管焊接时气温与管材预热表

钢材材质	环境温度（℃）	预热温度（℃）
含碳量≤0.20% 的碳素钢	低于 -20	100~200
含碳量 0.20%~0.28% 的碳素钢	低于 -10	100~200
含碳量 0.28%~0.33% 的碳素钢和 16Mn（16M）钼钢	低于 -10	250~400

注：搭接或角接的两块钢板厚度不同时，应以薄板计。

10　角焊和丁字焊接缝尺寸，应符合图 7.3.3 的要求。

11　管道接口焊缝的检验应符合下列规定：

（1）每道焊缝焊完后，应清除熔渣，并进行外观检查。如有气孔、夹渣、裂纹、焊瘤等缺陷时，应将焊接缺陷铲除，重新补焊。焊缝的外观质量应符合表 7.3.3-5 的规定。

（2）管径大于或等于 800mm 时，应逐个进行油渗检验，不合格的焊缝应铲除重焊。

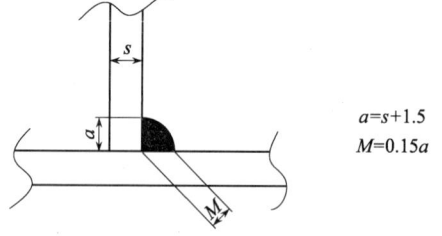

图 7.3.3　丁字焊接缝（单位：mm）
a—焊缝的焊脚尺寸；M—焊缝有效计算厚度

表 7.3.3-5　焊缝的外观

项　目	技　术　要　求
外观	不得有熔化金属流到焊缝外未熔化的母材上，焊缝和热影响区表面不得有裂纹、气孔、弧坑和灰渣等缺陷；表面光顺、均匀，焊道与母材应平缓过渡
宽度	应焊出坡口边缘 2~3mm
表面余高	应≤1+0.2 倍坡口边缘宽度，且不得大于 4mm
咬边	深度应≤0.5mm，焊缝两侧咬边总长不得超过焊缝长度的 10%，且连续长度≥100mm
错边	应≤0.2t，且应≤2mm
未焊透	不允许

注：① t 为壁厚（mm）；
　　② 不合格的焊缝应返修，返修次数不得超过三次。

（3）设计或合同要求进行无损探伤检验时，取样数量与要求等级应按设计要求执行。

（4）无损探伤应在强度、严密性试验前进行。

（5）设计要求进行焊缝机械性能检验时，应按现行《钢焊缝手工超声波探伤方法和探伤结果分级》GB/T 11345、《金属熔化焊焊接接头射线照相》GB/T 3323 的有关规定与设计要求进行检验。用于破坏性检验的焊缝接头应按现行《现场设备、工业管道焊接工程施工及验收规范》GB 50236 执行。

7.3.4 接口气焊焊接应符合下列规定：

1 手工气焊，宜用于管径不大于 108mm，壁厚不大于 3.5mm 的管节。

2 焊接过程中，应采用中性火焰。根据焊件厚度宜按表 7.3.4 选择焊嘴和焊条直径；焊条材质应与管材材质匹配，质量符合国家现行有关标准，见附录 C。

表 7.3.4 气焊焊嘴和焊条直径的选择

钢板厚（mm）	3	3.5~6
焊嘴号码	1~2	2~3
焊条直径（mm）	2~3	3~4

3 管节对口找正后，应用点焊固定，宜根据管径大小沿圆周等距离交错点焊 3~4 处；点焊的长度宜为 8~12mm，点焊的厚度宜为管壁厚度的 2/3。

4 焊接时，焊缝根部应焊透，熔化金属应均匀。焊件厚度小于或等于 3mm，宜用左向焊；大于或等于 3mm 时，宜用右向焊。

5 焊接过程中，焊条末端不得脱离熔池。每道焊缝应一次焊完。中断焊接时，焊接火焰应缓缓离开，使焊缝中的气体充分排出，以防产生裂纹、缩孔和气孔等。

6 焊缝外观及冬期施焊尚应符合本规程第 7.3.3 条有关规定。

7.3.5 法兰盘连接钢管道与管件时，应符合下列规定：

1 钢管道与法兰的焊接应在法兰用螺栓连接完成后进行。

2 法兰选用应符合下列要求：

（1）应根据管道公称压力、工作温度和介质的性质选定法兰的类型、标准号及材料牌号，再根据公称直径确定法兰结构尺寸、螺栓数目及尺寸。

（2）适用于公称压力 $PN0.25$ ~ $PN42$ MPa 的钢制管法兰应符合《钢制管法兰类型与参数》（GB/T 9112）有关规定。

（3）对于气体管道上的法兰，当公称压力小于 0.25MPa 时，宜按 0.25MPa 等级选用。对于液体管道上的法兰，当公称压力小于 0.6MPa 时，宜按 0.6MPa 等级选用。

3 法兰接口密封垫的材质应根据输送介质的性质、温度选择符合设计要求的材料。

4 法兰接口应符合下列要求：

（1）法兰盘表面应平整、无裂纹，密封面上不得有斑疤、砂眼及辐射状沟纹；密封槽符合规定，螺孔位置准确；螺栓、螺母型号符合设计要求。

（2）橡胶垫内径应等于法兰盘内径，其允许偏差，管径≤150mm 为 +3mm，管径≥200mm 为 +5mm；橡胶垫外径应与法兰密封面外缘相齐。当管径≤600mm 时，橡胶垫厚度宜为 3~4mm；管径≥700mm 时，宜为 5~6mm。每块橡胶垫，接茬不得多于 2 处，且接茬平整，粘接牢固、无空鼓。不得使用水溶性粘接剂粘接。法兰接口安装时，应先将法兰密封面清理干净。橡胶垫应放置平正。

（3）法兰安装应保持两法兰盘面平行，法兰盘中心与管中心一致，法兰盘面垂直于管道中心线（偏差应小于1.5%D），螺栓安装应方向一致，对称紧固，紧固力均匀。紧固后螺栓露出螺母外的长度不得少于两扣丝，且不得大于螺栓直径的1/2。

（4）安装带有法兰的闸门或其他管件时，应消除闸门或其他管件因安装产生拉应力。邻近法兰的一侧或两侧的接口，应在连接法兰的所有螺栓紧固后，方可进行焊接连接。采用平焊时法兰盘的内外两面都应与管材焊接。

（5）法兰接口完成后应对螺栓进行防腐处理。

7.3.6 钢管道安装中管件宜采用符合设计要求，有产品合格证与性能检验报告的定型产品。公称直径小于或等于500mm的弯头应采用机制弯头，其他各种管件宜选用机制管件。

7.3.7 现场焊制管件应符合下列规定：

1 加工管件所用的钢材，应与管道材质相同，宜使用管材切割后拼制管件。

2 下料时，切口端面应平整，毛刺、熔渣等应清理干净，并作出坡口、钝边。

3 弯头（弯管）焊制应符合下列要求：

1）弯管制作应符合设计要求和国家现行标准《油气输送用钢制弯管》SY/T 5257、《钢制对焊无缝管件》GB/T 12459及《钢板制对焊管件》GB/T 13401的规定。

2）弯头的弯曲半径应符合设计要求。设计无要求时，最小弯曲半径应符合表7.3.7-1的规定。

表7.3.7-1 弯头最小弯曲半径

管材	弯头制作方法		最小弯曲半径
低碳钢管	热弯		$3.5D_w$
	冷弯		$4.0D_w$
	压制弯		$1.5D_w$
	热推弯		$1.5D_w$
	焊制弯	$DN \leqslant 250$	$1.0D_w$
		$DN \geqslant 300$	$0.75D_w$

注：DN为公称直径，D_w为外径。

3）焊制弯管应根据设计要求制作。

4）焊制弯管使用在应力较大的位置时，弯管中心不应放置环焊缝。

5）弯管两端节应从弯曲起点向外加长，增加的长度应大于钢管外径，且不得小于150mm。

6）焊制弯管尺寸周长偏差：$DN \leqslant 1000m$，±4mm；$DN > 1000m$，±6mm。

7）弯管端部与弯曲半径在管端所形成平面之间的垂直偏差Δ，不得大于钢管公称直径的1%，且不得大于3mm，见图7.3.7-1。焊制弯管的组成形式可按图7.3.7-2制作。公称直径大于400mm的焊制弯管可增加节数，但其节内侧的最小长度不得小于150mm。

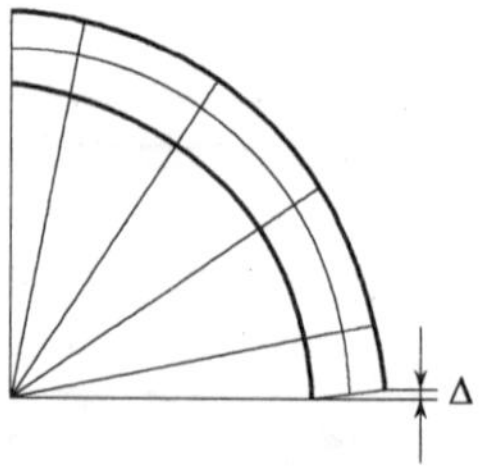

图7.3.7-1 焊制弯管端面垂直偏差

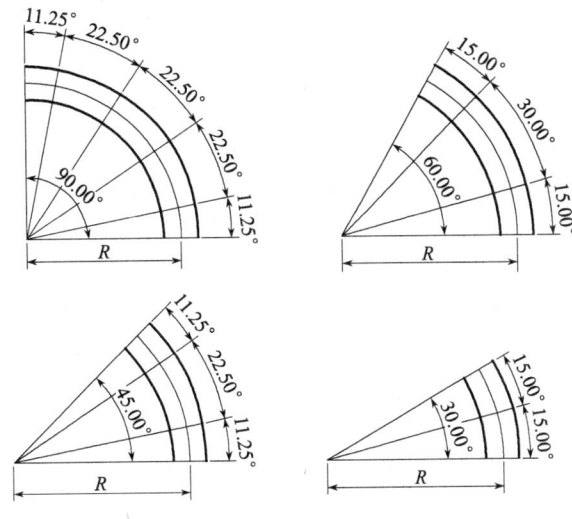

图 7.3.7-2 焊制弯管

4 三通焊制应符合下列要求：
1）焊制三通，其支管的垂直偏差不应大于支管高度的1%。
2）设计要求补强的焊制三通在制作时，应按要求进行补强。
3）在管道上直接开孔焊接分支管道时，切口的线位应采用校核过的样板画定。其开孔切口与焊接质量应符合焊制三通的有关要求。

5 异径管焊制应符合下列要求：
1）偏心异径管的椭圆度不得大于各端面外径的1%，且不得大于5mm。偏差应符合表7.3.7-2的规定。
2）同心异径管两端中心线应重合。

6 压制弯管、热推弯管和异径管制作加工的主要尺寸偏差应符合表7.3.7-2的规定。

表 7.3.7-2 压制弯管、热推弯管和异径管加工主要尺寸偏差

管件名称	管件形式	检查项目	公称直径（mm）			250~400	
			25~70	80~100	125~200	无缝	有缝
弯管		外径偏差（mm）	±1.1	±1.5	±2.0	±2.5	±3.5
		外径椭圆（mm）	不超过外径偏差				

续表

管件名称	管件形式	检查项目	公称直径（mm）				
			25~70	80~100	125~200	250~400	
						无缝	有缝
异径管		壁厚偏差（mm）	不大于公称壁厚的12.5%				
		长度（L）偏差（mm）	±1.5			±2.5	
		端面垂直（Δ）偏差（mm）	≤1.0			≤1.5	

7.3.8 煨制弯头应符合下列规定：

1 热煨弯管内部灌砂应振实，管端堵塞结实；热煨弯时应缓慢升温，钢管弯曲部分应受热均匀，温度控制在750~1050℃范围内。

2 当采用有缝管材煨制弯管时，其纵向焊缝应放在与管中心弯曲平面之间夹角大于45°的区域内。

3 弯曲起点距管端的距离不应小于钢管外径，且不应小于100mm。

4 弯管制成后管件应无裂纹、分层、过烧等缺陷；管腔内的砂子、粘结的杂物应清除干净。

5 弯管壁厚减薄率不得超过15%，且不小于设计计算壁厚；壁厚减薄率可按公式（7.3.8-1）计算：

$$\eta = \frac{\delta_1 - \delta_2}{\delta_1} \times 100\% \quad (7.3.8\text{-}1)$$

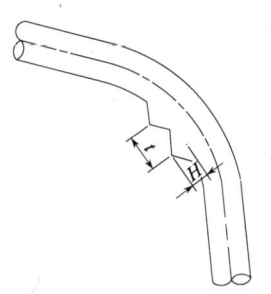

图 7.3.8 弯曲部分波浪高度

式中 η——壁厚减薄率；
δ_1——弯管前壁厚，mm；
δ_2——弯管后壁厚，mm。

6 椭圆率不得超过8%，椭圆率可按公式（7.3.8-2）计算：

$$\phi = \frac{D_{max} - D_{min}}{\frac{1}{2}(D_{max} + D_{min})} \times 100\% \quad (7.3.8\text{-}2)$$

式中 ϕ——壁厚减薄率；
D_{max}——最大外径，mm；
D_{min}——最小外径，mm。

7 因弯角度误差所造成的弯曲起点以外直管段的偏差值不应大于直管段长度的1%，且不应大于10mm。

8 弯管内侧波浪高度 H 应符合表7.3.8的规定，波距 t 应大于或等于波浪高度的4倍，如图7.3.8。

表 7.3.8 波浪高度 H 的允许值（mm）

钢管外径	≤108	133	159	219	273	325	377	≥426
H 的允许值	4	5	6	6	7	7	8	8

8 排水管道施工

8.1 一般规定

8.1.1 排水管道的接口和管道与附属构筑物的连接部位应稳固、严密。

8.1.2 与既有排水管道连接的新建管道施工前,应复测既有管道的平面位置与高程,作为施工依据。

8.1.3 排水管道施工中,遇有已施工完毕的相接管段,应核对其连接井的位置与高程。如与设计不符,应会同有关方面协调解决,并形成文件。

8.1.4 长期淹没在河水位以下的雨水干管接口应作管内勾缝处理,勾缝密实。

8.1.5 工作压力小于 0.1MPa 的排水管道应进行闭水试验,压力≥0.1MPa 的管道应进行水压试验。

8.2 预制混凝土管

8.2.1 排水干线宜优先采用承插式柔性接口方式的混凝土管、预应力混凝土管铺设。

8.2.2 管道应在沟槽地基或平基质量验收合格后进行安装,稳管前应将管内、外和承、插口部位清扫干净。

8.2.3 稳管时,宜采用边线法或中线法对管道中心线进行控制。采用边线法时,边线的高度应与管节中心高度一致,其位置宜距管外皮 10mm。管道高程以管内底高程控制。

8.2.4 柔性接口形式应符合设计要求,橡胶圈应符合下列规定:
 1 材质应符合相关规范的规定。
 2 应由管材厂配套供应。
 3 外观应光滑平整,不得有裂缝、破损、气孔、重皮等缺陷。
 4 每个橡胶圈的接头不得超过 2 个。

8.2.5 柔性接口的钢筋混凝土管、预(自)应力混凝土管安装前,承口内工作面、插口外工作面应清洗干净;套在插口上的橡胶圈应平直、无扭曲,应正确就位;橡胶圈表面和承口工作面应涂刷无腐蚀性的润滑剂;安装后放松外力,管节回弹不得大于 10mm,且橡胶圈应在承、插口工作面上。

8.2.6 平口混凝土管安装应符合下列规定:
 1 管径小于或等于 600mm 的混凝土管时,宜采用平基、稳管、管座、抹带连续作业的"四合一"法施工,并应符合下列要求:
  1)基础模板,除满足浇筑混凝土的要求外,尚应符合施工中管节的滚动和放置的要求。

2）模板支设时其内侧宜用支杆临时支撑，外侧宜采用钉铁钎固定、支牢，防止安装管子时移动。90°基础模板可一次支设，135°及180°基础模板宜分两次支设，上部模板待管子安装合格后支设。

3）"四合一"法稳管、对口应紧随平基混凝土的捣固进行，管座混凝土应在稳管后随即浇筑，抹带应紧随管座浇筑进行，但应与稳管保持两根管的间隔。

4）管道安装完成后，应及时养护，不得碰撞。施工质量应符合设计要求。

2 管径700～900mm时，宜采用垫块（枕基）稳管，稳管后应调整高程、位置，确认合格后，随即浇筑混凝土基础及抹带。

3 管径大于1000mm时，宜在平基上稳管。基础宜分两期施工，先按设计管道高程浇筑混凝土平基，待平基强度大于或等于5.0MPa后进行稳管，稳管高程位置合格后浇筑混凝土管座。

4 水泥砂浆接口应符合下列要求：

1）砂浆宜采用32.5级硅酸盐水泥，粒径小于2mm的中砂（含泥量不得大于2%）。

2）水泥砂浆配合比应符合设计要求，设计无规定时，接口嵌缝、抹带可采用水泥与砂子的质量比为1:2.5，水灰比不得大于0.5的砂浆。

3）抹带宜在浇筑管座后随即进行，使抹带与管座结合成一体。管座与抹带分期施工时，抹带前管座应凿毛、洗净。

4）管径大于或等于700mm的管道，稳管的对口间隙宜为10mm。间隙超过10mm时，抹带前应在管道内顶部管缝处支垫托，不得在管缝内填塞碎石、碎砖、木片或纸屑等。

5）管径小于或等于700mm时，可不留对口间隙。

6）水泥砂浆抹带应先将管口洗刷干净，并刷水泥浆一道。当管径小于或等于400mm，抹带宜一次抹压完成；当管径大于400mm，应分层抹压，第一层厚度约为带厚的1/3，压实后表面应划槽线，第一层初凝后，抹第二层，并用弧形抹子捋压成形，初凝后再用抹子擀光压实。

5 钢丝网水泥砂浆接口应符合下列要求：

1）钢丝网的规格、尺寸、长度（含搭接长度）应符合设计要求，且不得有油垢、锈蚀。

2）管径大于或等于600mm的管子，抹带部分的管口应凿毛。管径小于600mm的管子抹带部分的管口应刷去浆皮。

3）抹带中设置的钢丝网片应按设计要求位置和深度放置于管座混凝土内，捣固密实。

4）抹带中的钢丝网层数应符合设计要求，各层搭接茬应相互错开。施工中应安装抹带用弧形边模。

6 接口间隙应均匀，砂浆密实、饱满，不得有裂缝。抹带应位置准确，间隔均匀，砂浆密实，表面光洁，厚度均匀，不得有间断、裂缝和空鼓。

7 管内砂浆勾缝应平整、光滑。小管径的管道应在浇筑混凝土管座时，用拖具在管内来回拖动，将流入管内的砂浆除去。

8.3 化学管材管道安装

8.3.1 超过规定的存放期限的管材应进行鉴定，确认合格方可使用。

8.3.2 管道基础应按设计要求铺设，设计无要求时，应符合下列规定：

1 一般土质地基，基底表面宜铺一层厚度为100mm的粗砂。

2 软土地基且槽底在地下水位以下时，应进行降水，并铺设厚度大于150mm的砂砾。

3 管道接口部位的工作坑见图8.3.2，宜在铺设管道时随铺随挖。工作坑长度 L 按管径大小确定，宜为40~600mm，工作坑深度 h 宜为50~100m，工作坑宽度 B 宜为管外径的1.1倍。在接口完成后，工作坑应随即用砂砾回填密实。

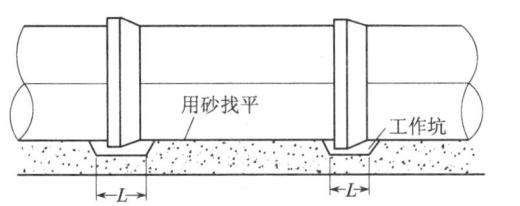
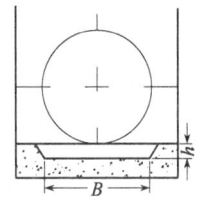

图8.3.2 管道接口处的工作坑

8.3.3 聚乙烯（HDPE）管道安装应符合下列规定：

1 采用电热熔连接承插式或套管式接口时，不同型号的管道设定电流及通电时间应符合厂家规定，表8.3.3仅供参考。

表8.3.3 不同型号的管道设定电流及通电时间

管径 DN（mm）	通电时间（s）	通电电压（V）
300~500	700~900	15~20
600~800	900~1000	23~38

2 采用热熔连接时，应保持连接电热装置的电缆线不受力。通电完成后，应使接口处自然冷却。冷却期间，固定接口的卡具、夹紧带和支撑环应保持工作状态，且不得移动管道。

3 采用承插式或套管与胶圈连接形式时，宜采用专用连接机具，连接处应根据需要设置满足安装要求的工作坑。

4 管节就位与接口连接后，宜用钢套箍—钢钎等方法对管道进行定位固定，回填过程应防止管道中心、高程发生位移变化。管道标高及中心线应经复测，确认合格后方可回填作业。

5 安装后管道外壁发生局部破损时，应及时修补，宜采用由厂家提供专用焊枪进行。当管内壁有破损时，应切除破损管段，予以更换。更换后，必须经检查，确认合格。

8.3.4 聚氯乙烯（PVC-U）管道安装应符合下列规定：

1 采用刚性连接时，应按设计要求设置柔口。

2 切割管材时，切口处应加工出坡口倒角，坡口长度不宜小于3mm，钝边厚度宜为壁厚的1/2~2/3。切口不得有损坏。

3 接口粘接应符合下列要求：

1）接口不宜在5℃以下粘接。

2）粘接前应将承口内侧和插口外侧擦拭干净，表面不得有油污。

3）粘接前应进行接口试插，确认插口插入承口长度符合要求，承插口配合状况良好，并标出插入标线。

4）粘接剂宜由管材供应厂家配套供应。涂刷粘接剂宜先涂承口内壁，后涂插口外壁；沿轴向涂刷应均匀，不得漏涂或过量。

5）涂粘接剂后，应立即将插口插入承口，推挤至标线位置。随即将插入管沿轴线旋转90°，并保持相连管道轴线正确，静停60s保持受力状况不变。

6）插接完毕应及时擦净挤出的粘接剂。粘接剂固化期接合部位不得扰动。

4 硬聚氯乙烯管与其他品种管材连接应使用连接件、法兰或注塑螺纹等方式，不得采用套丝扳套丝。

5 硬聚氯乙烯管安装后，接口应严密不漏水；管道轴线高程符合要求。设计未作规定时，管道轴线偏位应小于30mm，高程偏差应小于20mm。

8.4 现浇钢筋混凝土管（渠）

8.4.1 混凝土的原材料和配合比设计，应符合《混凝土结构施工技术规程》Q/BMG 103有关规定。宜采用膨胀量为0.02%~0.06%的低活性骨料，并应控制混凝土中总碱含量<3kg/m^3。

8.4.2 模板施工应符合《混凝土结构施工技术规程》Q/BMG 103有关规定外，尚应符合下列规定：

1 模板支架不得直接支设在槽底或槽壁上。应根据支点处支点的承载力核算所需加设垫板的刚度、支承面积与厚度。

2 管渠结构内模应有防止漂浮的措施。

3 严禁利用侧模板、支架作施工便桥支撑点。

4 变形缝处的模板应有定位措施。

5 管道基础及管座模板支设应符合有关单位要求，设计未要求时，其偏差不得超出表8.4.2-1的规定；管渠模板支设偏差不得超出表8.4.2-2的规定。

表8.4.2-1 管道基础及管座模板支设偏差

项 目	允 许 偏 差（mm）
基础中心线（每侧宽度）	+5 0
基础高程	5
管座肩宽及肩高	±5

表8.4.2-2 管渠模板支设偏差

项 目		允 许 偏 差（mm）
轴线位置	基础	10
	墙板、管、拱	5

续表

项　　目		允　许　偏　差（mm）
相邻两板表面高低差	刨光模板、钢模	2
	不刨光模板	4
表面平整度	刨光模板、钢模	3
	不刨光模板	5
垂直度	墙、板	$0.1\%H$，且$\geqslant 6$
截面尺寸	基础	10 -20
	墙、板	3 8
	管、拱	$\leqslant$设计断面
中心位置	预埋管、件及止水带	3
	预留洞	5

注：H 为墙的高度（mm）。

6　矩形管渠模板支设尚应符合下列要求：

1）矩形管渠的模板可一次或分次支设，当侧墙与顶板一次支模时，侧墙模板与顶板模板支设应各成独立体系。拆除侧墙模板不得影响顶板混凝土。

2）墙体模板宜采用两侧带橡胶锥，有套管的定型穿墙螺栓作侧模板的拉杆和撑杆。采用无套管的螺栓时，两侧模板间应加临时支撑杆，随混凝土浇筑，适时将撑杆拆除。

7　拱形管渠的拱面模板应圆滑顺畅；拱面中心宜设"八字缝板"一块。侧墙模板与拱模板的支设应各成体系，不得因侧墙拆模影响拱部混凝土。

8　现浇圆形钢筋混凝土管渠模板的支设尚应符合下列要求：

1）浇筑基础混凝土时，应按规定埋设固定钢筋骨架的架立筋和内、外模箍筋地锚。

2）基础混凝土抗压强度达到 2.5MPa 后，方可固定钢筋骨架，将管内模穿入并与地锚锚固。

3）应在管内模对称位置各设一块"八字"缝板。

4）管外模直面部分宜和堵头板一次支起，弧面部分宜在浇筑过程中随浇随装。

5）外模采用框架固定时，应采取措施防止整体结构的纵向扭曲变形。

6）管道基础模板的高度应大于基础厚度，当管道基础包角大于 135°，且与平基一次连续浇筑时，模板应分层安装，上层模板应配合混凝土浇筑及时安装。模板内部应划线控制浇筑混凝土的高度。

9　现浇钢筋混凝土管渠变形缝的止水带安装应牢固、位置准确，与变形缝垂直、与墙体中心对正。并符合下列要求：

1）止水带应与端部支模同步完成。

2）架立止水带的钢筋应预先制作成型。

3）橡胶止水带接头宜用热接，并由经过培训的熟练技工完成。

4）止水带宜用专用卡具固定，严禁用铁钉、铁丝穿透止水带进行固定。

8.4.3　钢筋加工与绑扎安装除应符合《混凝土结构施工技术规程》Q/BMG 103 有关规定外，其安装质量应符合设计要求，设计未要求时其偏差不得超过表 8.4.3 的规定。

表8.4.3 管渠钢筋骨架安装偏差

项目	偏差
环筋同心度	±10mm
环筋内底高程	±5mm
倾斜度	1‰H

注：H为钢筋骨架高度（mm）。

8.4.4 管渠混凝土浇筑除应符合《混凝土结构施工技术规程》Q/BMG 103有关规定外，尚应符合下列规定：

1 管渠两侧墙混凝土的浇筑速度应对称均匀，高差不宜大于300mm。

2 在浇筑变形缝处的混凝土时，应确保止水带的位置正确和与止水带相接的混凝土密实。

3 浇筑与柱、墙连成整体的梁和板时，应在柱和墙浇筑完毕后停歇1～2h，使其初步沉实，再继续浇筑；当间歇时间超过2h，宜待混凝土的抗压强度达到1.2MPa后，方可继续浇筑；混凝土强度达到1.2MPa的时间，应根据试验确定。当无试验条件，且混凝土等级大于或等于C15时，继续浇筑的期限可参见表8.4.4。

表8.4.4 混凝土强度达到1.2MPa的参考时间表（h）

水泥种类及强度等级	外界温度（℃）			
	1～5	5～10	10～15	15以上
32.5级和高于32.5级的普通水泥	60	48	36	24
矿渣水泥、火山灰质水泥和低于32.5级的普通水泥	90	72	48	36

注：表中的温度系指混凝土硬化期间，气温无突变的平均温度。

8.5 预制装配式渠道

8.5.1 运抵现场的混凝土构件应有检验合格的出厂标识、生产日期，并附有混凝土抗压、抗折强度、抗渗等级试验资料。构件的尺寸、规格必须符合设计要求。

8.5.2 预制构件的混凝土应密实，表面平整、光洁、色泽均匀，不得有蜂窝、露筋、裂缝等结构缺陷和缺边、掉角等损伤。槽形、梯形、拱形等拼装构件的尺寸应符合装配规定。

8.5.3 预制构件运输应符合下列规定：

1 构件运输过程中应根据构件的结构特点，经计算确定支撑设置位置和紧固方式。

2 运输不得损伤混凝土构件。墙板和顶板宜直立或稍微倾斜放置；梁及其他构件应按其使用中受力状态放置。

3 构件运输时，其混凝土强度不得低于设计要求的吊运强度，设计无要求时不得低于设计强度标准值的75%。预应力混凝土构件，孔道灌浆的强度应符合设计要求，且不得低于15.0MPa。

4 吊点应符合设计要求，设计未要求时，应经计算确定。起吊大型构件或刚度较小的构件，应设置临时加固杆件；构件起吊时，绳索与构件水平面所成的角度不得小于60°。

8.5.4 预制构件的存放应符合下列规定：

1 堆放构件的场地，应平整坚实，排水顺畅。

2 构件堆垛时应放置在垫木上，吊环应向上，标志应向外。

3 构件应按其刚度及使用时受力状态放置，并设支撑保持其稳定。块体的堆放，应以其刚度较大的方向作为竖直方向。

4 水平分层堆放构件时，其堆码高度应按构件强度、地面承载力、垫木强度以及堆垛的稳定性确定；层与层之间应以垫木隔开，各层垫木应分别在一条垂直线上。

8.5.5 构件安装应符合下列规定：

1 基础、基础杯口混凝土的强度应达到设计标准值的75%，且经验收合格后方可进行构件安装。

2 配合安装的临时支撑应进行结构计算，支撑结构的尺寸、平面位置及支撑点高度，应符合安装工艺的要求。

3 待安装的梁、板、柱等构件应经施测，并在其端面标定了安装轴线，满足安装定位需要。

4 安装构件前，应用仪器校核支承结构和预埋件的高程及平面位置，并在支承结构上划标中心线。

5 安装前应将与构件连接部位凿毛洗净，杯底应按高程控制铺设水泥砂浆。

6 管渠顶板板缝与墙板板缝应错开。

7 杯口混凝土宜在墙体接缝填筑完毕后进行浇筑。杯口混凝土达到设计抗压强度标准值的75%以后方可还土。构件装配施工时，企口水平面应满铺水泥砂浆，且安装后应及时勾抹压实接缝内外面。

8 构件的嵌缝或勾缝应先做外缝，后做内缝。并适时洒水养护。无闭水要求的管渠内部嵌缝或勾缝，应在管渠外部还土后进行。

9 管渠侧墙两板间的竖向接缝采用石棉水泥嵌缝时，宜先填入3/5深度的麻辫后，方可填打石棉水泥至缝平。

10 盖板安装前，墙顶应清扫干净，洒水湿润后，再铺砂浆。盖板端部压墙长度应符合设计要求，偏差不得超过10mm。板缝及板端的三角部位应采用水泥砂浆填抹密实。盖板就位后，吊环应卧平。

8.5.6 装配式管渠墙板安装应直顺，杯口混凝土应密实，强度符合设计要求。墙板安装质量应符合有关单位规定，未规定时偏差不得超出表8.5.6-1的规定。

表8.5.6-1 墙板安装偏差

序 号	项 目	允许偏差（mm）
1	中心线偏移	≤10
2	墙板、拱顶内顶面高程	±5
3	墙板垂直度	$0.15\%H$ 且 ≤5
4	板间高差	≤5
5	杯口底、顶宽度	-10，-5

注：表中 H 为墙板全高（mm）。

装配式管渠顶板安装应平顺、灌缝密实。顶板安装质量应符合有关单位规定，未规定时偏差不得超出表8.5.6-2的规定。

表8.5.6-2 顶板安装要求

序 号	项 目	允 许 偏 差 (mm)
1	相邻板内顶面错台	≤10
2	板端压墙高程	±10

梁、柱构件吊装后不得出现扭曲、损坏等，梁压墙、柱长度应符合设计要求。梁、柱安装质量应符合有关单位规定，未规定时应符合表8.5.6-3的要求。

表8.5.6-3 钢筋混凝土梁、柱构件安装要求

序 号	项 目	允 许 偏 差 (mm)
1	柱、梁中心线	10
2	柱、梁标高	−5
3	柱垂直度	0.15%H且≤10
4	相邻两构件顶面高差	5
5	梁压墙、柱长度	±10

注：表中H为柱高（mm）。

8.6 砌 筑 渠 道

8.6.1 砌筑管渠施工应符合《砌体结构施工技术规程》Q/BMG 104的有关规定。

8.6.2 砖砌管渠应使用优质烧结砖。

8.6.3 变形缝施工应符合下列规定：

1 变形缝设置应符合设计要求，变形缝应上、下垂直贯通。
2 变形缝填料前应将缝内杂物清除干净，在缝壁上应涂刷一道冷底子油。
3 填缝料应填塞密实，表面平整。
4 浇筑沥青等填料应掌握温度，待浇筑底板缝的沥青冷却后，再浇筑墙缝，并应一次连续灌满灌实。

8.6.4 砖拱砌筑应符合下列规定：

1 按设计图样制作拱胎，拱胎上应按要求留出变形缝。
2 拱胎应稳固，高程准确，拆卸简易。
3 砌砖时，应自两侧同时向拱顶中心推进，保证拱心砖的位置正确，灰缝应用砂浆填满严密。
4 砌拱应用退茬法。每块砖退半块留茬。
5 不得使用碎砖及半头砖砌拱环，拱环应当日封顶，拱环上不得堆置器材。
6 预留户线管应随砌随安，不得预留孔洞。
7 砖拱砌筑后，应及时洒水养护，砂浆达到设计抗压强度标准值的25%时，方准在无振动条件下拆除拱胎。

8 砌筑砖反拱应按设计要求的弧度制作样板，宜每隔 10m 放一块。反拱表面应光滑平顺，灰缝不得凸出砖面。砂浆强度达到设计强度标准值的 25% 时，且不低于 1.2MPa，方准踩压。

8.6.5 砖墙面防水抹面宜采用五层作法，砂浆水灰比宜为 0.37～0.40。

8.7 倒虹管道

8.7.1 倒虹管道施工前应将地下水降至槽底以下 500mm，且降水必须保持连续，直至倒虹管道施工完毕，功能试验合格，经隐蔽验收后，且具备抗浮能力，方可停止降水。

8.7.2 倒虹管道宜选用预制钢筋混凝土管、预应力混凝土管等管材作结构主体。当采用钢管、球墨铸铁管时，应做防腐内衬或混凝土外保护结构。采用聚氯乙烯管（PVC-U）或聚乙烯管（HDPE）时，应做外包封保护层。采用全现浇钢筋混凝土倒虹管道施工应符合《混凝土结构施工技术规程》Q/BMG 103 和本规程的有关规定。

8.7.3 采用预制管材施工倒虹管时，其接头处宜用钢质弯头连接或现浇钢筋混凝土构造连接。倒虹管的接口应严密，不渗漏。

8.7.4 倒虹管道的检查井应与倒虹管同步施工，并符合下列规定：

    1 检查井宜采用现浇混凝土。

    2 管道与检查井壁连接处，管节插入井内壁外露长度约 20～30mm。

    3 检查井内闸门槽形式、位置、数量等均应符合设计要求。闸门安装前应经检查，确认合格，安装后应严密不漏水。

8.7.5 闭水试验应在倒虹管道充水 24h 后进行，测定 30min 渗水量。渗水量不得大于计算值。渗水量按公式（8.7.5）计算：

$$g = \frac{W}{T \cdot L} \times 1440 \tag{8.7.5}$$

式中 g——实测渗水量，$m^3/(24h \cdot km)$；

    W——补水量，L；

    T——实测渗水量观测时间，min；

    L——倒虹管长度，m。

8.8 检 查 井

8.8.1 排水管道的检查井宜采用现浇钢筋混凝土结构或预制装配式混凝土结构。当采用砌体结构时，应使用烧结页岩砖，且井内壁应水泥砂浆抹面。

8.8.2 检查井施工中，应对井口作好安全围挡，井室完成施工后，应及时安装井盖。

8.8.3 井室设置在农田或绿地内时，井盖宜高出地面 300mm 左右；在道路上的井盖面应与路面平齐。还土前，应将所有未接通的预留管洞口封闭严密；井口圈安装应与四周路面平顺，井口圈下设的垫层混凝土不得低于 C30 级。

8.8.4 排水管道检查井基础应与管道基础同时浇筑。井内的流槽，宜与井壁同时进行施工，且与上下游的管道接顺。砌筑有预留支管的检查井时，应按设计位置将预留管安装牢固。

8.8.5 有闭水要求的检查井经闭水合格、隐蔽验收后，方可进行回填土。

8.8.6 现浇混凝土检查井施工应符合《混凝土结构施工技术规程》Q/BMG 103 有关规定。预留孔、预埋件尺寸、位置符合设计要求。混凝土应振捣密实，表面平整、光滑，不得有裂缝、蜂窝、麻面现象。

8.8.7 预制混凝土检查井安装应符合下列规定：

1 井室地基不得扰动，地基承载力达不到设计要求时，应进行处理。垫层砂砾应留预沉量；地基长、宽应比预制混凝土底板的长、宽每侧各大 100mm。

2 井室应在底板安装位置经检验合格后进行安装，宜用起重机和专用吊具进行底板吊装。

3 井室安装完毕并经检验合格后方可安装井筒。吊装井壁时，应使管道承口位于检查井的进水方向；插口位于检查井的出水方向。

4 井室或井壁与盖板安装就位后，应将预埋连接件连接牢固，并作好防腐处理；接缝均应在润湿后，用 1:2 水泥砂浆填充密实，并做 45°抹角。

5 检查井预制构件全部就位后，用 1:2 水泥砂浆对所有接缝做里外勾平缝处理。

6 检查井和管道采用刚性连接时，管节端面宜与井内壁平齐，不得凸出，回缩量不得大于 50mm；井壁预留孔与管节外壁间间隙，应按设计要求填塞；设计未要求时，宜用石棉水泥捻缝，再用水泥砂浆将管节与井内壁接顺，井外壁作 45°抹角。

7 管道与检查井做柔性连接时，其胶圈应采用耐腐蚀的排水管专用密封橡胶，其性能及外形尺寸应符合设计要求。橡胶圈就位后应位于承、插口工作面上。

8.8.8 砌筑检查井应符合下列规定：

1 砌筑时，对接入的支管应随砌随安，管口宜伸入井内 20～30mm，不得将截断管端放在井内。预留管口应封堵严密，封口抹平，且封堵应便于拆除。

2 砌筑圆井应随时掌握直径尺寸。进行收口时，四面收口的每层砖不得超过 30mm；三面收口的每层砖不得超过 40～50mm。圆井筒的楔形缝用适宜的砖块填塞。

3 砌筑检查井的内壁应用原浆勾缝，灰浆饱满，灰缝平整，不得有通缝、瞎缝。有抹面要求时，内壁抹面应分层压实，抹光，不得有空鼓、裂缝等现象。

4 砌筑尚应符合《砌体结构施工技术规程》Q/BMG 104 有关规定。检查井内的踏步，安装前应作防腐处理；井内踏步的水平位置与垂直间距应准确。砌筑时用砂浆埋固，砂浆未凝固前不得踩踏。

8.8.9 管道与检查井的连接应符合下列规定：

1 混凝土管道与检查井应用水泥砂浆连接严密，水泥砂浆应符合本规程第 8.2.6 条的有关规定。

2 硬聚氯乙烯（PVC-U）管、聚乙烯（PE）管与检查井的连接应符合下列要求：

1）管道与井壁连接处砂浆应饱满密实外，井壁外侧管道周围必须浇筑或砌筑长、宽度不少于 1.5 倍管道内径的 C10 混凝土或砖砌保护体，检查井井底基础也应相应延伸，如图 8.8.9-1 所示。

2）管道与检查井为柔性连接时，宜安装橡胶密封圈，如图 8.8.9-2 所示。橡胶密封圈直径必须根据井壁与插口端外径间缝隙大小按本规程 8.2.6 条的有关规定确定。

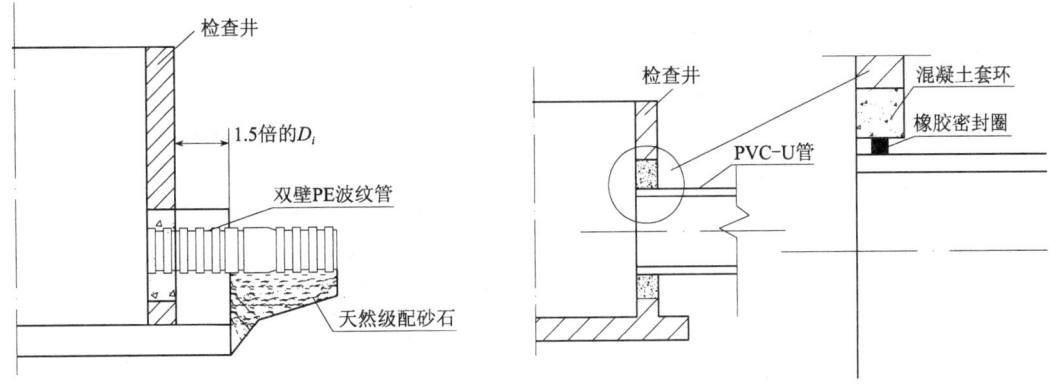

图 8.8.9-1 管道与检查井一般连接　　　　图 8.8.9-2 管道与检查井的柔性连接

3）管道与预制混凝土检查井为刚性连接时，预制井的预留孔应比管径大 200mm，如图 8.8.9-3 所示，在安装前预留洞孔表面应凿毛处理，连接处宜采用微膨胀细骨料混凝土封堵。

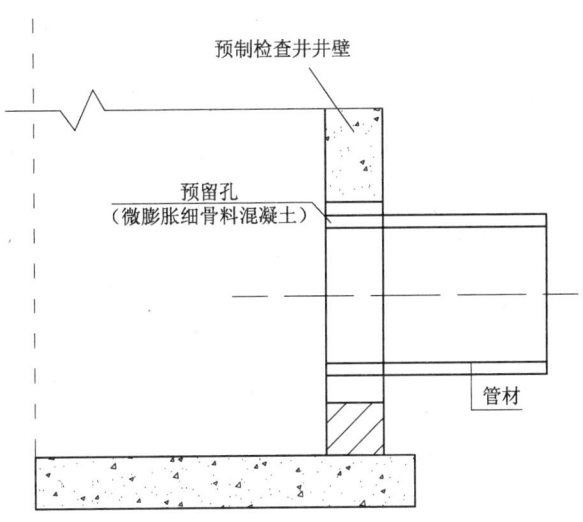

图 8.8.9-3　管道与预制混凝土检查井的刚性连接

4）管节承口部位不得砌筑在井壁中。管材在检查井内壁外露长度宜为 30mm，且置于混凝土底板上。

8.9　进出水口构筑物

8.9.1　进出水口等构筑物宜在枯水期施工，并设防水围堰。
8.9.2　构筑物的基础应建立在原状土上，当地基松软或被扰动时，按设计要求进行处理，确认合格后，方可进行下道工序。
8.9.3　进出水口的断面与坡度应符合设计要求。
8.9.4　现浇钢筋混凝土进出水口施工，应符合本规程第 8.4 节的有关规定。
8.9.5　现浇钢筋混凝土翼墙、砖或石砌筑翼墙施工，应符合本规程第 8.4、8.6 节的有关规定。翼墙变形缝应位置准确、顺直、上下贯通，缝宽与位置符合设计要求。

8.9.6 翼墙背后填土应符合下列规定：

1 混凝土或砌筑砂浆达到设计抗压强度标准值后，方可进行回填土；当未达到设计抗压强度前进行回填时，其允许填土高度应与设计协商确定。

2 填土时墙后不得有积水。

3 回填土应分层压实，其压实度不得小于95%。

8.9.7 浇筑管道出水口防潮闸门井的混凝土浇筑前，应将防潮闸门框架或预埋铁件准确固定，并不得因混凝土的浇筑振捣而产生位移。

8.9.8 护坡、护坦砌筑应符合下列规定：

1 护坡、护坦坡度应符合设计要求；厚度为不得小于设计要求；砌体坡面、坡底应平整。

2 现浇混凝土或砂浆砌筑护坡、护坦，应符合本规程第8.4、8.6节的有关规定。

3 浆砌护坡、护坦灰缝砂浆应饱满、密实、缝宽均匀。

4 干砌块石护坡、护坦块石应大面朝下，互相间错咬搭，石缝不得贯通，底部应垫稳，不得松动。大缝应用小石块嵌严，不得用碎石填塞，小缝应用碎石全部灌满，捣实牢固，所有边口宜用较大的石块砌成整齐坚固的封边。

9 给水管道施工

9.1 一般规定

9.1.1 本章适用于工作压力在 0.1~0.5MPa，试验压力不大于 1.0MPa 的球墨铸铁管、预应力混凝土管、自应力混凝土管、硬聚氯乙烯管（PVC-U）、高密度聚乙烯管（HDPE）的给水管道工程。压力超出上述范围时，应另行制定技术措施。

9.1.2 钢质给水管道施工应符合本规程第 7 章的有关规定。管径大于 1000mm 钢质给水管采用水泥砂浆作内保护层时，水泥砂浆保护层可在管道强度、严密性试验合格后，采用专用机械施作。水泥砂浆配合比应符合设计要求，保护层厚度应均匀。

9.1.3 给水管道接口施工应对每个接口编号，完成接口作业后，记录质量情况。

9.2 球墨铸铁管安装

9.2.1 球墨铸铁管管材、管件应符合现行《水及燃气管道用球墨铸铁管、管件和附件》GB/T 13295 的规定。接口胶圈橡胶材料应符合现行《橡胶密封件 给、排水管及污水管道用接口密封圈 材料规范》HG/T 3091 的规定。

9.2.2 安装前应将承口工作面与插口工作面及管插口端毛刺、铸砂清理干净。

9.2.3 施工中，应根据接口形式、管径大小、管节接口位置开挖接口工作坑。接口工作坑尺寸可参见表 9.2.3 的规定。

表 9.2.3 接口工作坑尺寸

接口形式	管径（mm）	工作坑尺寸（m）			
		宽度	长度		深度
			承口前	承口后	
刚性口	75~300	管径+0.6	0.8	0.2	0.3
	400~700	管径+1.2	1.0	0.3	0.4
	800~1200	管径+1.2	1.0	0.3	0.5
滑入式柔性接口	≤500	承口外径加 0.8	0.5	承口长度加 0.2	0.2
	600~1000	承口外径加 1.0			0.4
	1100~1500	承口外径加 1.6			0.45
	>1600	承口外径加 1.8			0.50

注：① 机械式柔性接口，可参照滑入式柔性接口工作坑的各部尺寸，但承口前尺寸宜适当放大；
② 管径系管外径。

9.2.4 管道沿曲线安装时，接口转角应符合表 9.2.4 的规定。

表 9.2.4 接口允许转角

接口种类	管径（mm）	允许转角（°）
刚性接口	75~450	≤2
	500~1200	≤1
滑入式 T 形、梯唇形橡胶圈接口及柔性机械式接口	75~600	≤3
	700~800	≤2
	≥900	≤1

9.2.5 柔性接口安装应符合下列规定：

1 接口橡胶圈宜由管材供应单位配套供应，并具有产品合格证与性能检测报告。

2 安装滑入式橡胶圈接口前，应将承口内工作面与插口外工作面清扫干净后，将橡胶圈嵌入承口的凹槽内并在橡胶圈外露的表面及插口工作面，涂以对橡胶圈质量无影响，对水质无影响的滑润剂，待插口端部倒角与橡胶圈均匀接触后，再用专用工具将插口推入承口内，推入深度应达到标志环，并复查与其相邻已安好的第一至第二个接口推入深度。

3 采用截断的管节进行安装时，应将被截端部加工出插口倒角并标出插入深度的标志环。

4 安装柔性机械接口时，应使插口与承口法兰压盖的纵向轴线相重合；应对称紧固。紧固后的法兰盖与承口的法兰盘应平行，间隙均匀一致。

9.2.6 法兰接口安装应符合下列规定：

1 铸铁法兰盘表面应平整、无裂纹；密封面上不得有斑疤、砂眼及辐射状沟纹；密封槽符合规定，螺孔位置准确；螺栓、螺母型号符合设计要求。

2 环形橡胶垫的橡胶质地应均匀、厚度一致、无皱纹，不得含有污染水质的材料，不得使用再生胶。

3 法兰安装应符合本规程第 8.2.5 条的有关规定。

9.3 预应力（自应力）混凝土管安装

9.3.1 管材、管件的级别应与管道设计工作压力相匹配。

9.3.2 预应力混凝土管安装应符合下列规定：

1 管道安装前应对砂基面弧槽中线、高程进行校验，确认符合设计要求。

2 安装前应按排管位置预挖好承口工作坑，工作坑长宜为混凝土管承口端管长度加 300mm，宽为槽底宽。

3 对口前应将管内杂物清理干净，将插口端外露面及承口工作面清刷干净。

4 胶圈在插口端的安装位置应正确。

5 对口时宜将管身吊离基础面，对口间隙应均匀。对口宜使用专用对口机具。

6 插口装入承口时，顶拉速度应缓慢、均匀，应设专人指挥，并有专人检查胶圈就位情况，胶圈就位不符要求应重新安装。

7 管道安装后中线、坡度应符合设计要求；管口间纵向间隙宜为 5~10mm，插口插入承口长度偏差为 ±5mm。

8 管道沿曲线安装时，承口与插口间的最小间隙宜为 5mm，每一接口的转角应符合

表9.3.2的规定。

表9.3.2 沿曲线安装管道接口允许转角

管 材 种 类	管径（mm）	转角（°）
预应力混凝土管	400～700	≤1.5
	800～1400	≤1.0
自应力混凝土管	1600～3000	≤0.5
	100～800	≤1.5

9 接口安装后，必须用机具对已合格的接口及时进行锁定，锁定接口应连续，且不得少于2个。

10 对已解除接口锁定的管段，除接口部位外，应及时对管道进行回填土。

11 预应力混凝土管与闸门等连接应使用钢制转换接口，其安装应符合本规程第9.2节球墨铸铁管铺设的有关规定。

9.3.3 预应力混凝土管接口橡胶圈应符合下列规定：

1 橡胶圈胶料应符合《橡胶密封件 给、排水管及污水管道用接口密封圈 材料规范》HG/T 3091的有关规定。

2 胶圈宜由管材生产企业配套供应，并附有产品合格证及性能检验报告。

3 管径1600mm（含）以下的橡胶圈应为模压法整体制作。管径大于1600mm以上接口所用胶圈，可用模压胶条作成有接头的胶圈，每个胶圈只许有一个接头。胶圈应材质致密、均匀，无扭曲、裂纹、气孔等缺陷。

4 胶圈环径与胶圈截面直径应根据管径与接口环形间隙选择，按公式（9.3.3-1）、式（9.3.3-2）计算确定：

$$d_0 = \frac{e}{\sqrt{K_R \cdot (1-\rho)}} \quad (9.3.3\text{-}1)$$

$$D_R = K_R \cdot D_W \quad (9.3.3\text{-}2)$$

式中 d_0——橡胶圈截面直径，mm；

e——接口环向间隙，mm；

ρ——压缩率，35%～45%；

D_R——安装前橡胶圈环向内径，mm；

K_R——环径系数，为0.85～0.90；

D_W——插口端外径。

5 橡胶圈贮存过程不得长期受挤压，或受利器割刺。不得与溶剂、易挥发液体等损害橡胶产品的物质混存。贮存环境温度宜为-5～30℃，且应避免长期受太阳光、紫外线照射。

9.4 聚乙烯（PE）管、硬聚氯乙烯（PVC-U）管安装

9.4.1 管材、管件应符合下列规定：

1 聚乙烯管材、管件应符合现行《给水用聚乙烯（PE）管材》GB/T 13663、《给水用聚乙烯（PE）管道系统第2部分：管件》GB/T 13663.2有关标准的规定，具有出厂合

格证、性能检测报告。

2 硬聚氯乙烯管材、管件应符合现行《给水用硬聚氯乙烯（PVC-U）管材》GB/T 10002.1、《给水用硬聚氯乙烯（PVC-U）管件》GB/T 10002.2 的有关规定，具有出厂合格证、性能检测报告。

3 橡胶圈宜由管材供应厂配套供应，具有出厂合格证和性能检测报告。

4 管材、管件、接口材料贮存期超过一年，应重新进行品质性能检验，合格后方可使用。

9.4.2 管材的转弯处和管件上不得开孔；在已建管道中开孔时，孔径不得大于管外径的 1/2；在同一根管子上开孔超过一个时，相邻两孔间的最小间距不得小于既有管道直径的 7 倍，并不得小于止水栓安装要求的长度加 0.3mm；止水栓离管道接头处的净距不宜小于 300mm。

9.4.3 管道安装应符合下列规定：

1 电熔连接、热熔连接应采用专用电器设备、挤出焊接设备和工具进行施工；连接时严禁明火加热。

2 管道连接时不同牌号压力级别的管材、管件以及管道附件不得混用。

3 管材、管件与金属管、管件相连时，应采用连接管件，当采用钢制喷塑或球墨铸铁过渡管时，其过渡管件的压力等级不得低于管材公称压力。

4 电熔、热熔连接管道宜先分段在槽边进行连接后，以弹性铺管法移入沟槽；非锁紧型承插式连接管道宜在沟槽内连接。

5 利用管材的柔性进行弯曲铺设时，应符合下列规定：

（1）热熔或电熔连接的管道，弯曲半径应符合表 9.4.3 的要求。

表 9.4.3 管道允许弯曲半径

管道公称外径 D_n（mm）	允许弯曲半径 R（mm）
$D_n \leqslant 50$	$\geqslant 30 D_n$
$50 < D_n \leqslant 160$	$\geqslant 50 D_n$
$160 < D_n \leqslant 250$	$\geqslant 75 D_n$
$250 < D_n \leqslant 350$	$\geqslant 100 D_n$

（2）非锁紧型承插式连接的管道，弯曲半径不得小于 $125 D_n$，应对曲线采取固定措施。

（3）沿曲线利用接口转角安装管道时，接口转角度不宜大于 1.5°。

6 施工中应根据管径、水压、环境温度变化状况、连接形式、铺设及回填土条件等情况，对管道采取防上浮移位，在转弯、三通、变径及阀门处，采取防推脱的混凝土支墩或金属卡箍拉杆等技术措施；焊制的三通、弯管管件部位应采取混凝土包覆措施；非锁紧型承插连接管道每节管应有 3 点以上的固定措施。

7 管道铺设后宜沿管道走向埋设金属示踪线，距管顶不小于 300mm 处宜埋设警示带，警示带上应标出醒目的提示字样。

8 管材、管件以及管道附件存放处与施工现场温差较大时，连接前应将管材、管件以及管道附件在施工现场放置一段时间,使其温度接近施工现场温度。

9.4.4 电熔连接应符合下列规定:

1 电熔连接机具输出电流、电压应稳定,符合电熔连接工艺要求。

2 电熔连接机具与电熔管件应正确连通,连接时通电加热的电压和加热时间应符合电熔连接机具和电熔管件生产企业的规定。

3 电熔连接冷却期间,不得移动连接件或在连接件上施加任何外力。

4 在寒冷气候(-5℃以下)或有风环境条件下进行电熔连接操作时,应采取保护措施,或调整连接机具的工艺参数。

9.4.5 热熔连接应符合下列规定:

1 热熔连接工具的温度控制应精确,回热面温度分布应均匀,加热面结构应符合焊接工艺要求。热熔连接前、后应将管材、管件的连接部位与加热面清理干净,并校准其轴线,错边应小于壁厚10%。

2 热熔连接加热时间、加热温度和施工的压力以及保压、冷却时间,应符合热熔连接工具生产企业和聚乙烯管材、管件以及管道附件生产企业的使用规定。在保压、冷却期间不得移动连接件或在连接件上施加任何外力。

3 加热应使连接面受热均衡,熔化均匀,对接时对接力符合要求,接触面严密。接口处形成的翻边凸缘的宽度、高度应符合要求。

9.4.6 承插式连接应符合下列规定:

1 橡胶圈柔性接口应符合下列要求:

(1)管材插口端倒角角度不宜大于15°,倒角后管端壁厚应为管材壁厚的1/2~2/3。

(2)管材插口外侧和承口内侧、承口凹槽表面应清理干净,胶圈应由管材生产企业提供,胶圈安装位置与方向应正确。

(3)插口插入承口深度应准确,宜先试插作标记。当生产企业提供环境温度对插入深度的提示标记时,应在插口上做出标记。无提示标记时应符合表9.4.6的规定。

表9.4.6 承口有效长度的根部预留量

施工环境温度(℃)	<10	10~20	20~30	>30
预留量(mm)	25~30	20~25	15~20	10~15

(4)安装时应将插口端一次插入至标志线。如需转角,必须在插入到位后再行接转,接转角度不宜大于1.5°。

(5)管道插入时宜用专用牵引工具拉入。严禁用挖土机等施工机械推顶插入。

(6)如插入时阻力过大,不得强行插入。检查原因排除故障后,再安装。

2 热熔承插连接除符合本规程9.4.5条有关规定外,尚应符合下列规定:

(1)管材端口外部宜进行倒角,角度不宜小于30°,且管材表面坡口长度不得大于4mm。

(2)测量管件承口长度,在管材插入端标出插入长度并刮除插入段表皮。

9.4.7 法兰连接应符合下列规定:

1 法兰连接适用于管节与管道附件,或不同材质管节连接。

2 两法兰盘上螺孔应对中,法兰面相互平行,螺孔与螺栓直径应配套,螺栓长短应一致,螺帽应在同一侧;紧固法兰盘上螺栓时应按对称顺序分次均匀紧固,螺栓拧紧后宜伸出螺帽1~3丝扣。

　　3　法兰垫片材质应与所连接管材的性能匹配。钢质法兰盘应经过防腐处理。

　　4　聚乙烯管宜采用背压松套法兰连接。

9.4.8　钢塑过渡接头连接应符合下列要求:

　　1　钢塑过渡接头的聚乙烯管端与聚乙烯管道连接应符合本规程9.4.3、9.4.4条的规定进行连接。

　　2　钢塑过渡接头钢管端与金属管道连接应符合相应的钢管焊接、法兰连接或机械连接的规定。

　　3　钢塑过渡接头钢管端与钢管焊接时,应采取降温措施,严禁焊接端温度超过钢塑过渡接头聚乙烯所能承受的温度。

　　4　公称外径大于或等于110mm的聚乙烯管与管径大于或等于110mm的金属管连接时,可采用人字形柔性接口配件,配件两端的密封胶圈应分别与聚乙烯管和金属管相配套。

　　5　聚乙烯管和金属管、阀门相连接时,规格尺寸应相互配套。

9.4.9　硬聚氯乙烯(PVC-U)管与其他管材、阀门及消火栓等管件连接时,不得用板牙在其上套丝,应采用专用的法兰连接,硬聚氯乙烯法兰接口尚应符合本规程第9.2.6条的有关规定。

9.4.10　井室内的阀门、阀座底部应有垫墩,阀座两侧应采取卡固措施,防止阀门启动时的扭力影响管道的接口。地面上的水表节点,应采取相应的卡固措施,防止弹性胶圈松动,接口渗漏。

9.5　预应力钢筒混凝土管安装

9.5.1　管节及管件的规格、性能应符合国家有关标准规定和设计要求,进入施工现场时其外观质量应符合下列规定:

　　1　内壁混凝土表面平整光洁;承插口钢环工作面光洁干净;内衬式管(简称衬筒管)内表面不应出现浮渣、露石和严重的浮浆;埋置式管(简称埋筒管)内表面不应出现气泡、孔洞、凹坑以及蜂窝、麻面等不密实的现象。

　　2　管内表面出现的环向裂缝或者螺旋状裂缝宽度不应大于0.5mm(浮浆裂缝除外);距离管的插口端300mm范围内出现的环向裂缝宽度不应大于1.5mm;管内表面不得出现长度大于150mm的纵向可见裂缝。

　　3　管端面混凝土不应有缺料、掉角、孔洞等缺陷。端面应齐平、光滑、并与轴线垂直。端面垂直度应符合表9.5.1的规定。

表9.5.1　管端面垂直度

管径 D_i (mm)	管端面垂直度允许偏差(mm)
600~1200	6
1400~3000	9
3200~4000	13

4 外保护层不得出现空鼓、裂缝及剥落。
5 橡胶圈应符合9.3.3条的规定。

9.5.2 承插式橡胶圈柔性接口施工时应符合下列规定：
1 清理管道承口内侧、插口外部凹槽等连接部位和橡胶圈。
2 将橡胶圈套入插口上的凹槽内，保证橡胶圈在凹槽内受力均匀、没有扭曲翻转现象。
3 用配套的润滑剂涂擦在承口内侧和橡胶圈上，检查涂覆是否完好。
4 在插口上按要求做好安装标记，以便检查插入是否到位。
5 接口安装时，将插口一次插入承口内，达到安装标记为止。
6 安装时接头和管端应保持清洁。
7 安装就位，放松紧管器具后进行下列检查：
（1）复核管节的高程和中心线。
（2）用特定钢尺插入承插口之间检查橡胶圈各部的环向位置，确认橡胶圈在同一深度。
（3）接口处承口周围不应被胀裂。
（4）橡胶圈应无脱槽、挤出等现象。
（5）沿直线安装时，插口端面与承口底部的轴向间隙应大于5mm，且不大于表9.5.2规定的数值。

表 9.5.2 管口间的最大轴向间隙

管径（D_i）	内衬式管（衬筒管）		埋置式管（埋筒管）	
	单胶圈	双胶圈	单胶圈	双胶圈
400～1400	15	—	—	—
1200～1400	—	25	—	—
1200～4000	—	—	25	25

注：表中单位mm。

9.5.3 当采用钢制管件连接时，管件应进行防腐处理。

9.5.4 现场合拢应符合以下规定：
1 安装过程中，应严格控制合拢处上、下游管道接装长度、中心位移偏差。
2 合拢位置宜选择在设有人孔或设备安装孔的配件附近。
3 不允许在管道转折处合拢。
4 现场合拢施工焊接不宜在高温时段进行。

9.5.5 管道需曲线铺设时，接口的最大允许偏转角度应符合设计要求，当设计无要求时不大于表9.5.5规定的数值。

表 9.5.5 预应力钢筒混凝土管沿曲线安装接口的最大允许偏转角

管材种类	管径 D_i（mm）	允许平面转角（°）
预应力钢筒混凝土管	600～1000	1.5
	1200～2000	1.0
	2200～4000	0.5

9.6 玻璃钢管安装

9.6.1 管节及管件的规格、性能应符合国家有关标准规定和设计要求，进入施工现场时其外观质量应符合下列规定：

  1 内、外径偏差、承口深度（安装标记环）、有效长度、管壁厚度、管端面垂直度等应符合产品标准规定。

  2 内、外表面应光滑平整，无划痕、分层、针孔、杂质、破碎等现象。

  3 管端面应平齐、无毛刺等缺陷。

9.6.2 接口连接、管道安装除应符合本规范第 8 章的规定外，还应符合下列规定：

  1 采用套筒式连接的，应清除套筒内侧和插口外侧的污渍和附着物。

  2 管道安装就位后，套筒式或承插式接口周围不应有明显变形和胀破。

  3 施工过程中应防止管节受损伤，避免内表层和外保护层剥落。

  4 检查井、透气井、阀门井等附属构筑物或水平折角处的管节，应采取避免不均匀沉降造成接口转角过大的措施。

  5 混凝土或砌筑结构等构筑物墙体内的管节，可采取设置橡胶圈或中介层等措施，管外壁与构筑物墙体的交界面密实、不渗漏。

9.6.3 管道曲线铺设时，接口的允许转角不得大于表 9.6.3 的规定。

表 9.6.3 沿曲线安装的接口允许转角

管径 D_i（mm）	允许转角（°）	
	承插式接口	套筒式接口
400~500	1.5	3.0
500 < D_i ≤ 1000	1.0	2.0
1000 < D_i ≤ 1800	1.0	1.0
D_i > 1800	0.5	0.5

9.7 管道附件安装

9.7.1 各类阀门、消火栓、排气门、测流计等安装前，应核对产品规格、型号；检查产品外观质量，符合设计要求，具有产品合格证方可使用。

9.7.2 阀门安装前应检查阀杆转动是否灵活，清除阀内污物。安装于泵房内的阀门应进行解体检查。反方向转动的阀门应加标志。

9.7.3 阀门安装的位置及安装方向应符合设计要求，阀杆方向应便于检修和操作；水平管道上阀门的阀杆宜垂直向上或装于上半圆。止回阀安装应方向正确、阀体平正。

9.7.4 水锤消除器、消火栓等应在管道水压试验合格后安装，其安装位置应符合设计要求。

9.7.5 闸阀安装应符合下列规定：

  1 阀体就位后，其位置应与管道中心、高程一致后，方可用螺栓对法兰盘进行连接，法兰盘连接的要求见本规程7.3条有关规定。

2 阀门就位后与管道进行整体连接时,阀门、管件等不得产生安装拉应力。

3 蝶阀内腔和密封面未清除污物前,不得启闭蝶板。蝶阀密封圈压紧螺栓,应对准阀井人孔一侧。蝶阀手动阀杆应垂直向上。

9.7.6 伸缩节安装时,应根据安装时的大气温度,预调好伸缩量,其值应符合设计要求。

9.7.7 盘根安装应符合下列规定:

1 宜使用油浸石棉方盘根或橡胶石棉方盘根,盘根宽度应与填料箱间隙一致;当填料箱较小时,可用油浸石棉绳缠绕。

2 盘根应分圈压入;每圈盘根接头不得超过一个;接头处盘根应切成45°斜角,上下压接,接头应平整、无空隙;各层盘根的接头应错开,宜按图9.7.7布置。

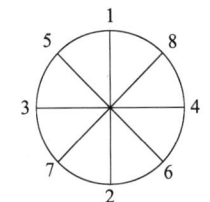

图9.7.7 伸缩器各圈盘根接头错开位置
注:1、2、3、4、5、6、7、8分别表示盘根的圈数及其接头的位置,如超过8圈时,仍从"1"开始,按前顺序操作。

3 盘根填料装足后压紧压兰。压兰压入填料箱的深度,宜为填料箱深的10%~20%。

4 压紧盘根时,应对称、均匀紧固压兰螺栓,压兰与阀杆周围的间隙应均匀。

9.7.8 现场制作钢质管件应符合下列规定:

1 制作钢管件的母材应符合设计要求。

2 弯头的弯曲半径应符合设计要求,且不得小于1.5倍的管外径。

3 用直焊缝管焊制三通管件时,不得在直焊缝处开孔;开孔边缘距端部不得小于100mm。

9.7.9 弯头、三通等管件安装应与管道坡度一致,管件的中心线应与连接管道的中心线在同一直线上。异径管件安装其坡度应与管道坡度一致,偏心异径管的安装应符合设计要求。

9.7.10 干管上开孔连接管件应符合下列规定:

1 管道上不得在纵、横、环向焊缝处开孔。

2 管道上任何位置不得开方孔。

3 不得在短管节及管件上开孔。

4 主管开孔边缘距管端或焊缝距离不得小于100mm。

5 干管上开孔,开孔的圆心应通过干管中心线。

9.8 闸 井

9.8.1 给水闸井施工应符合下列规定:

1 闸井的位置、尺寸、材料应符合设计要求。

2 修建闸井前,应核对井位中心线与闸门安装中心线位置。

3 管道穿越闸井井壁应留套管,管道与套管的填料应符合设计要求。

4 井室人孔位置设置应便于闸门启闭及维修人员出入。

5 井内室安装闸门时,井底距承口外壁或法兰盘的下缘及井壁距承口或法兰盘外缘,应有安全操作距离和维修空间。

  6 砌筑、预制、现浇的各类闸井其施工应符合本规程第8.8节的有关规定。

9.8.2 给水止口阀、预留出水口、消火栓等应按设计要求安装在检查井内。

9.8.3 给水管道支墩施工应符合下列规定：

  1 管道及管件的支墩和锚定结构应位置准确，结构牢固。止推支墩必须修建在原状土地基或原状土沟槽边坡上。

  2 支墩应在管道接口完成，管道位置固定后修筑。在土壤摩擦力较小或管道坡度较大地段施工，应及时对支墩采取加固措施。

  3 支墩施工前，应将支墩部位管道、管件表面清理干净。

  4 现浇混凝土支墩，应振捣密实；砌筑支墩与管道、管件间隙，应用砂浆填实，并抹"八字"。

  5 管道安装过程中的临时固定支架，应在支墩的砌筑砂浆或混凝土达到规定强度后方可拆除。

  6 施工设置的临时支墩宜与永久支墩结合。支墩应修筑在密实或坚固的土基上，其后背应与原状土紧密相连。当无原状土做后背时，应采取措施建立人工后背。

  7 临时支墩应进行承载力核算与施工设计。

10 供热管道施工

10.1 一般规定

10.1.1 本章适用于工作压力 $P \leqslant 0.7$MPa，介质温度 $T \leqslant 130$℃的饱合蒸汽管网；工作压力 $P \leqslant 1.6$MPa，介质温度 $T \leqslant 350$℃的蒸汽管网；工作压力 $P \leqslant 2.5$MPa，介质温度 $T \leqslant 200$℃的热水管网管道工程。

10.1.2 用于供热管道工程的钢管材、管件除应符合本规程第7章有关规定外，当管道的管径 >200mm 时宜使用螺旋焊接钢管，管径为 50~200mm 时应使用焊接钢管或无缝钢管。

10.1.3 管道铺设时供热管应位于背向来水方向的右侧，回水管应在左侧。管道安装完成后，应将内部清理干净，并及时封闭管口。

10.1.4 沟埋式供热管道安装与连接应与管沟主体结构配合协调施工。为保证固定口施焊、固定口部位的管沟可据实际情况，在管道固定口施焊后施作。

10.2 管道安装与连接

10.2.1 钢管焊接应符合本规程第7章有关规定。供热管道焊制尚应符合下列要求：

1 当壁厚不等时，若薄件的厚度不大于10mm且壁厚差大于3mm；或薄件的厚度大于10mm且厚度差大于薄件厚度的30%或超过5mm时，应对厚壁侧管进行削薄处理，其削薄长度应不小于4倍的厚度差。

2 管道组成件焊缝的相对位置应符合相应标准的规定，当标准未规定时，应满足以下要求：两管道的纵向焊缝或螺旋焊缝之间的距离不应小于100mm；同一管道上的两条纵向焊缝之间的距离不应小于300mm；两相邻环焊缝之间的距离不应小于管径且不小于150mm。

10.2.2 法兰连接除符合本规程第7章有关规定外，尚应符合下列规定：

1 法兰不得安装在墙内或套管内。

2 埋地管道或不通行地沟内管道的法兰接口处应设置检查井。

10.2.3 管螺纹连接应符合下列规定：

1 适用于管径 $DN \leqslant 80$mm，工作压力 <1.0MPa，介质温度 <100℃的热水管道；管径 $\leqslant 50$mm，工作压力 <0.6MPa 的饱合蒸汽管道。

2 宜使用预制加工的且螺纹装有保护套的管材。

3 现场加工螺纹，宜选用套螺机加工，螺纹长度、丰满度应符合质量要求。

4　螺纹间隙的填料宜采用聚四氟乙烯生胶带的密封填料。

10.3　管件与管件安装

10.3.1　管件宜使用定型产品，产品应有生产合格证。现场预制管件应符合本规程第8章有关规定。

10.3.2　管件安装应符合下列规定：
　　1　钢管、管路附件等安装前应按设计要求核对型号，并按规定进行检验。
　　2　管件制作和可预组装的部分宜在管道安装前完成，并应经检验合格。
　　3　管道法兰、焊缝及其他连接件的安装位置应留有检修空间。
　　4　管道与管件连接应平直、牢固、位置准确。

10.4　支座、支架、吊架

10.4.1　管道的支座、支架、吊架宜采用定型产品，其质量应符合设计要求。产品应具有出厂合格证。现场加工的支座、支架、吊架等其结构形式、材质、尺寸、制作精度及焊接质量应符合设计要求，焊接变形应予以矫正。安装前应进行检查，确认质量符合要求。

10.4.2　管道安装前，应先完成管道支、吊架的安装。支、吊架安装后经检查确认位置准确、安装牢固，坡度符合设计要求，方可进行管道安装。

10.4.3　管沟内铺设的管道，应在距沟口0.5m处设支、吊架。管道滑动支架、滑托、吊架的吊杆应处于管道热位移方向相反的一侧。其偏移量应符合设计要求，设计无要求时应为计算位移量的50%。

10.4.4　热伸长方向不同或热伸长量不等的供热管道，不得安装在同一吊架或同一滑动支架。

10.4.5　管道安装时，宜减少使用临时支、吊架，临时支、吊架应避开正式支、吊架的位置，且不得影响正式支、吊架的安装。用后即行拆除。

10.4.6　安装滑动支架应符合下列规定：
　　1　滑动支架的滑动支撑板与支架的滑动面，导向支架的导向板滑动平面应平整、光滑，不得有毛刺及焊渣等。
　　2　焊在钢管外表面上的弧形板应采用模具压制成型，当采用同径钢管切割的，应采用模具整形。
　　3　已预制完成并经检查合格的管道支架应按设计要求进行防腐处理。并妥善保管。
　　4　滑动支架的偏移方向、偏移量及导向性能应符合设计要求。其支承表面的标高可采用加设金属垫板调整，垫板不得超过两层，垫板应与支座结构（或支承板）焊接牢固。

10.4.7　固定支架安装应符合下列规定：
　　1　与固定支座相关的土建结构工程施工应与固定支座安装协调配合，且其质量必须达到设计要求。

  2 有补偿器的管段，在补偿器安装前，管道和固定支架之间不得进行固定。

  3 固定支架、导向支架等型钢支架的根部，应做防水护墩。

  4 固定支架卡板和支架结构接触面应接触紧密；管道与固定支架、滑托等焊接时，管壁上不得有焊痕等存在。

  5 固定支架的检查应按规定填写记录。

10.4.8 组合式弹簧支架（吊架）安装应符合下列规定：

  1 弹簧支、吊架外形尺寸偏差应符合设计要求，弹簧不得有裂纹、折叠、分层、锈蚀等缺陷。弹簧两端支撑面应与弹簧轴线垂直，其偏差不得超过自由高度的2%。

  2 弹簧支、吊架安装高度应按设计要求进行调整。

  3 弹簧的临时固定件，应在管道安装、试压、保温完毕后拆除。

10.4.9 吊架安装应符合下列规定：

  1 吊架的吊杆必须生根牢固。

  2 吊杆的中心位置与水平间距准确。

  3 吊杆的高程调节装置（花篮螺母）应符合调距要求。

  4 管卡与管道间隙适度。

  5 安装后应进行防腐处理。

10.4.10 架空管道支座安装应符合下列规定：

  1 滑动支座的高度应大于保温层的厚度。

  2 弹簧支座应安装在管道有垂直膨胀伸缩而无横向膨胀伸缩之处，安装时必须保证弹簧能自由伸缩，并应偏向膨胀方向相反的一边。

10.5 管道伸缩与补偿装置

10.5.1 供热管道的伸缩补偿装置，宜优选符合设计要求的定型产品，具有生产合格证与安装使用说明。现场制作补偿器时应符合下列规定：

  1 方形补偿器的椭圆度、波浪度和角度偏差等应符合弯管制作的相应规定；煨弯组合的补偿器、弯管之间的连接点应放在各臂的中部；用冲压弯管或焊制弯管组焊的方形补偿器各臂应采用整管制作。

  2 现场焊制套筒补偿器的补偿量应经计算确定，补偿器各部尺寸应符合设计要求。

  3 焊制要求应符合本规程第9章的要求。

10.5.2 补偿器安装前，应按现行《金属波纹管膨胀节通用技术条件》GB/T 12777、《城市供热管道用波纹管补偿器》CJ/T 3016、《城市供热补偿器焊制套筒补偿器》CJ/T 3016.2 的有关规定，核对每个补偿器的型号和安装位置。并对补偿器的外观进行检查。

10.5.3 需要进行预变形的补偿器，预变形量应符合设计要求，并按规定记录补偿器的预变形量。

10.5.4 补偿器安装完毕后，应拆除运输、固定装置，并应按要求调整限位装置并作记录。补偿器安装后，应按规定填写补偿器安装记录。

10.5.5 补偿器宜进行防腐和保温处理，采用的防腐和保温材料不得影响补偿器的使用寿命。

10.5.6 补偿器竖直安装时，应在补偿器的最高点安装放气阀，最低点安装放水阀门。介质是蒸汽时，应在补偿器的最低点安装疏水器或放水阀门。

10.5.7 两个补偿器之间或每一个补偿器两侧都应设置固定支座，固定支座必须安装牢固。两个固定支座的中间应设导向支座；补偿器两侧的导向支座和活动支座安装时，应设置偏心，其偏心长度应视该点距固定点的管道热伸量而定。偏心的方向应以补偿器的中心为基准。

10.5.8 自然补偿管段的冷紧应符合下列规定：

1 冷紧焊口位置应留在有利操作的地方，冷紧长度应符合设计要求。

2 冷紧应在冷紧段两端的固定支架安装完毕，并达到设计强度，管道与固定支架已固定连接，管段上的其他焊口已全部焊完并经检验合格，法兰、仪表、阀门的螺栓均已拧紧后进行。

3 管段上的支、吊架已安装完毕，冷紧焊口附近吊架的吊杆应预留足够的位移量。

4 管段上的倾斜方向及坡度应符合设计要求。

5 冷紧焊口焊接完毕并经检验合格后，方可拆除冷紧卡具。并按规定填写记录。

10.5.9 方形补偿器的安装应符合下列规定：

1 水平安装时，垂直臂应水平放置，平行臂应与管道坡度相同。

2 垂直安装时，不得在弯管上开孔安装放风管和排水管。

3 方形补偿器处滑托的预偏移量应符合设计要求。

4 冷紧应在两端同时、均匀、对称地进行，冷紧值的允许误差为10mm。

5 使用顶拉机具应固定牢固。

10.5.10 焊制套筒补偿器安装应符合下列规定：

1 焊制套筒补偿器应与管道保持同轴。

2 焊制套筒补偿器芯管外露长度应大于设计要求的伸缩长度，芯管端部与套管内挡圈之间的距离应大于管道冷收缩量。

3 采用成型填料圈密封的焊制套筒补偿器，填料的品种及规格应符合设计要求，填料圈的接口应做成与填料箱圆柱轴线成45°的斜面，填料应逐圈装入，逐圈压紧，各圈接口应相互错开。

4 采用非成型填料的补偿器，填注密封填料时应按规定压力依次均匀压注。

10.5.11 波纹管补偿器安装应符合下列规定：

1 波纹管补偿器应与管道保持同轴。

2 有流向标记（箭头）的补偿器，安装时应使流向标记与管道介质流向一致。

10.5.12 球形补偿器的安装应符合下列规定：

1 与球形补偿器相连接的两垂直臂的倾斜角度应符合设计要求，外伸部分应与管道坡度保持一致。

2 试运行期间，应在工作压力和工作温度下进行观察，应转动灵活，密封良好。

10.5.13 直埋补偿器的安装应符合下列规定：

1 回填后固定端应可靠锚固，活动端应能自由活动。

2 带有预警系统的直埋管道中，在安装补偿器处，预警系统连线应做相应的处理。

10.5.14 一次性补偿器的安装应符合下列规定：

1 一次性补偿器的预热方式视施工条件可采用电加热或其他热媒预热管道，预热升温温度应达到设计的指定温度。

2 预热到要求温度后，应与一次性补偿器的活动端焊接，焊接外观不得有缺陷。

10.5.15 采用其他形式补偿器应符合设计及其安装说明书要求，经检验确认合格后方可使用。

10.6 管 道 保 温

10.6.1 管道和安装在管道上的管件、设备保温应在试压、防腐验收合格后进行。

10.6.2 当使用预先做防腐、保温层的钢管时，应将环形焊缝等需要检查处预留出，待各项检验合格后，再将留出部位进行防腐、保温。

10.6.3 采用湿法施工的保温工程，室外平均温度低于5℃时，不宜施工。必须施工时应采取防冻措施。雨雪天气中不得进行室外露天保温工程的施工。

10.6.4 保温层的保护层应做在干燥、经检查合格的保温层表面上。保护层应质地严密、牢固，具有良好的不透水性。

10.6.5 保温材料的品种、规格、性能等应符合国家产品标准和设计要求，产品应有出厂合格证、质量检测报告和使用说明书。材料进场时应对品种、规格、外观等进行检查验收。进场的每一批保温材料，使用前均应任选1~2组试样进行导热系数测定，导热系数超过设计取定值5%以上的材料不得使用。不同品种、生产企业生产的产品，应分别存放，不得混存。贮存环境应通风良好，防晒、防潮并远离火源。

10.6.6 保温层施工应符合下列规定：

1 施工中应根据不同保温材料的性能、特点，确定施工方法。

2 当保温层厚度超过100mm时，应分为两层或多层逐层施工。

3 当采用预制瓦块作保温层时，其拼缝宽度不得大于5mm。缝隙应用灰胶泥填满，瓦块内应抹3~5mm厚的灰胶泥层。瓦块应同层错缝，里、外层错缝各向均不得小于50mm。每块瓦应有两道绑丝，不得采用螺旋形捆扎方法。

4 当采用保温棉毡、垫作保温层时，厚度与密度应均匀，外形应规整，同层纵向错缝，里外层纵环向均应错缝。

5 当采用硬质保温制品作保温层时，应按设计要求预设伸缩缝。

6 当采用纤维制品保温材料施工时，应与被保温表面贴紧，厚度均匀，纵向接缝位于管子下方45°位置，接缝处不得有空隙。捆扎间距不得大于200mm，并适当紧固。双层结构时，层间应盖缝，表面应保持平整。

7 当采用软质复合硅酸盐保温材料施作时，应符合设计要求；当设计无要求时每层抹10mm压实，待表面有一定强度时，再抹第二层。

8 管道端部或有盲板的部位应铺设保温层。

9 各种支架及管道设备等部位，在施作保温层时应预留出一定间隙，保温结构不得妨碍支架的滑动和设备的正常运行。设备的保温层不得遮盖设备铭牌。

10 阀门、法兰等部位的保温结构应易于拆装，靠近法兰处，应在法兰的一侧留出螺栓的长度加25mm的空隙，阀门保温层应不妨碍填料的更换。有冷紧或热紧要求的管道上的法兰，应在冷拧紧或热拧紧完成后再进行保温。

11 保温固定件、支撑件的设置和大管径的垂直管道，每隔3~5m应设保温层承重环或抱箍，其宽度为保温层厚度的2/3，并进行防腐。

12 保温层端部应做封端处理。设备、容器上的人孔、手孔等需要拆装部位，应做成45°的坡面。

13 施工中，严禁对直埋热力管道及沟内铺设管道使用吸水性强的材料作保温层或进行填充式保温。

10.6.7 保温层的保护层施工应符合下列规定：

1 施工中应根据保护层的材料性能、特点、设计要求选定施工方法。

2 采用复合材料作保护层应符合下列要求：

（1）玻璃纤维应以螺纹状紧缠在保温层外，前后均搭接50mm，布带两端及每隔300mm用镀锌钢丝或钢带捆扎。

（2）复合铝箔材料可直接铺在平整保温层表面上。接缝处用压敏胶带粘贴和铆钉固定，垂直管道及设备的铺设由下向上，成顺水接缝。

（3）玻璃钢材料保护壳连接处用铆钉固定，纵向搭接尺寸宜为50~60mm，环向搭接宜为40~50mm，垂直管道及设备铺设由下向上，成顺水接缝。

（4）铝塑复合板材料可用于软质绝热材料的保护层施工，铝塑复合板正面应朝外，不得损伤其表面，接缝用保温钉固定，间距宜为60~80mm；环向搭接宜为30~40mm，纵向搭接不得小于10mm。垂直管道的铺设由下向上，成顺水接缝。

3 采用金属保护层应符合下列要求：

（1）安装前，金属板两边先压出两道半圆凸缘。对设备保温，可在每张金属板对角线上压两条交叉筋线。

（2）垂直方向的施工应将相邻两张金属板的半圆凸缘重叠搭接，自下而上顺序施工，上层板压下层板，搭接长度宜为50mm。

（3）水平管道的施工可直接将金属板卷合在保温层外，按管道坡向自下而上顺序施工。两板环向半圆凸缘重叠，纵向接口向下，搭接处重叠宜为50mm。

（4）搭接处应采用铆钉固定，间距不得大于200mm。

（5）金属保护层应留出设备及管道运行受热膨胀量。

（6）在露天或潮湿环境中保温设备和管道的金属保护层，应按规定嵌填密封剂或在接缝处包缠密封带。

（7）已安装的金属保护层严禁踩踏或堆放施工物品。

4 采用石棉水泥保护层应符合下列要求：

（1）抹面保护层的灰浆密度不得大于1000kg/m³；抗压强度不得小于0.8MPa；干燥后不得产生裂缝、脱壳等现象，不得对金属有腐蚀。

（2）抹石棉水泥保护层以前，应检查钢丝网有无松动部位，并对有缺陷的部位进行修整，保温层的空隙应采用胶泥填充。保护层分两次抹成。

（3）保护层未硬化前应有防雨雪措施。当环境温度低于5℃，应采取冬期施工措施。

5　热力管道保温层的保护层应表面平整、轮廓清晰、整齐；缠绕式保护层应缠绕紧密、绑扎牢固；金属保护层搭接尺寸应符合要求，无松脱、翻边翘缝。

10.7　直埋预制保温管道安装

10.7.1　直埋预制保温管在运输、贮存、堆放、安装过程中，不得拖拽保温壳，不得损坏端口和外护层。

10.7.2　直埋预制保温管道的施工和安装除应符合国家现行《城镇直埋供热管道工程技术规程》CJJ/T 81 的有关规定外，尚应符合下列规定：

1　管道的施工分段宜按补偿段划分，当管道设计有预热伸长要求时，应以一个预热伸长段作为一个施工分段。

2　直埋管道的线位、坡度应与设计一致，接口牢固严密。安装中遇有折角时，必须报经有关单位确认。

3　管道在固定点处的连接与固定点的强度没有达到设计要求之前，不得进行预热伸长检查或试运行。

4　保护套管不得妨碍管道伸缩，不得损坏保温层及外保护层。管道采用硬质保温材料保温时，在管段每隔 10～20m 及弯头处应留伸缩缝。缝内填柔性保温材料，并做外防水层。

5　直埋保温管需现场切割配管时应符合下列要求：

（1）配管长度不宜小于 2m。

（2）切割中应采取措施防止外护管脆裂。

（3）配管端头的裸露长度应与原成品管端头的裸露长度一致，并作出坡口、倒角。

6　直埋保温管接头的保温和密封应在接头焊口检验合格、接头处气密性检验合格后进行。接头保温施工应符合保温、密封材料使用说明书的要求。

10.7.3　直埋蒸汽和高温供热水管道的安装施工应符合现行有关标准的规定。

10.7.4　直埋预制保温管道预警系统应按设计要求进行安装。安装前应对单件产品预警线进行断路、短路检测。安装过程中，应首先连接预警线，并在每个接头安装完毕后进行预警线断路、短路检测。

10.7.5　补偿器、阀门、固定支架等部位的现场保温层施作应在预警系统连接检验合格后进行。

10.7.6　直埋预制保温管道应位置准确，功能性试验符合规定。

10.8　管沟与检查室

10.8.1　现浇混凝土热力管沟施工，除符合本规程第 8.4 节有关规定外，尚应符合下列规定：

1　模板支设偏差应与设计要求的质量匹配，未作要求时，不得超过表 10.8.1-1 的规定。

表 10.8.1-1　现浇结构模板安装的允许偏差

序　号	项　目		允许偏差（mm）
1	相邻两板表面高低差		2
2	表面平整度		5
3	截面内部尺寸	基础	+10 -20
		柱、墙、梁	+4 -5
4	轴线位置		5
5	墙面垂直度		8

  2　钢筋成型应牢固，安装应符合设计要求，未作要求时，偏差不得超过表10.8.1-2的规定。

表 10.8.1-2　钢筋安装位置的允许偏差

序　号	项　目		允许偏差（mm）
1	主筋及分布筋间距	梁、柱、板	±10
		基础	±20
2	多层筋间距		±5
3	保护层厚度	基础	±10
		梁、柱	±5
		板、墙	±3
4	预埋件	中心线位置	5
		水平高差	0　+3

  3　固定支架与土建结构应结合牢固。当固定支架的混凝土强度未达到设计要求时，固定支架不得与管道固定且应防止外力破坏。
  4　活动支架应按设计间距安装，支承管道滑托的各钢板顶面高程，应符合管道坡度要求。支架底部找平层应满铺密实。
  5　管沟、检查室结构强度达到设计要求后，方可进行各管道阀门、附件等的安装。
10.8.2　装配式混凝土管沟施工除符合本规程第8.5节有关规定外，尚应符合下列规定：
  1　活动支架、固定支架安装应符合本规程10.8.1条第3款的有关规定。
  2　宜在管道安装结束，管沟清理后安装盖板，并留必要的清槽出入口。
10.8.3　砌筑墙体、预制顶板管沟施工应符合本规程8.6节的有关规定。
10.8.4　热力管沟的止水带安装应符合本规程8.4.2条的有关规定。
10.8.5　当干管保温结构表面与检查室地面距离小于0.6m，检查室的人孔直径小于0.7m时，应报有关单位提请设计解决。
10.8.6　当采用水泥砂浆五层做法施作管沟、检查井的防水抹面时应整段整片分层操作。
10.8.7　当墙面采用柔性防水层时，应符合现行《地下工程防水技术规范》GB 50108的规定。结构伸缩缝及止水带的做法，应按设计要求施工。
10.8.8　检查室施工除应符合本规程8.8节有关规定外，尚应符合下列规定：
  1　室内底应平顺，坡向集水坑，爬梯应安装牢固，位置准确，不得有建筑垃圾等杂物。
  2　井圈、井盖型号准确，安装平稳。

11 燃气管道施工

11.1 一般规定

11.1.1 本章适用城镇燃气管道设计压力 4.0MPa（含）的新建、改建、扩建输配气管道工程施工。

11.1.2 管道吊装时，吊装点间距不得大于 8m。吊装管道的最大长度不宜大于 36m。

11.1.3 管道下沟前必须对防腐层进行 100% 的外观检查，回填前应进行 100% 电火花检漏，回填后必须对防腐层完整性进行全线检查，不合格必须返工处理直至合格。

11.1.4 管道在套管内铺设时，套管内的燃气管道不宜有环向焊缝。

11.2 管道安装

11.2.1 钢质管道除锈、防腐、焊接安装除应符合本规程第 7 章有关规定外，尚应符合下列规定：

　　1　管道环向焊缝间距不得小于公称管径，且不得小于 150mm。

　　2　不得在管道焊缝上开孔。管道开孔边缘与管道焊缝的间距不得小于 100mm。当无法避开时，应对已开孔中心为圆心，1.5 倍开孔直径为半径的圆中所包容的全部焊缝进行 100% 射线照相检测。

　　3　强度试验及严密性试验之前，必须对所有焊缝进行外观检查，按设计要求焊缝等级进行内部质量检查。

11.2.2 补口、补伤和设备、管件及管道套管的防腐等级不得低于管体的防腐等级。当相邻两管道为不同防腐等级时，应以最高防腐等级为补口标准。当相邻两管道为不同防腐材料时，补口材料的选择应考虑材料的相容性。

11.2.3 防腐涂层应均匀、完整，颜色一致，不得有损坏、流淌。漆膜应附着牢固，不得有剥落、皱纹、针孔等缺陷。

11.2.4 埋地钢管采用阴极保护（牺牲阳极）防腐应符合下列规定：

　　1　安装的牺牲阳极规格、数量及埋设深度应符合设计要求，设计无要求时，宜按现行《埋地钢质管道阴极保护技术规范》GB/T 21448 的规定执行。

　　2　牺牲阳极填包料应注水浸润。

　　3　牺牲阳极电缆焊接应牢固，焊点应进行防腐处理。

　　4　检查钢管的保护电位值应低于 -0.85 Vcse。

11.3 聚乙烯管、聚乙烯复合管安装

11.3.1 管材、管件从生产到使用之间的存放时间，黄色管道不宜超过1年，黑色管道不宜超过2年。超过上述期限时必须重新抽样检验，合格后方可使用。

11.3.2 管道安装前，应核对管材、管件规格、压力等级确认符合要求。管材表面不宜有磕、碰、划伤，伤痕深度超过壁厚10%的管材严禁使用。

11.3.3 聚乙烯管安装施工应符合下列规定：

1 当管材、管件存放处与施工现场温差较大时，连接前应将管材、管件在施工现场搁置一定时间，使其温度和施工现场温度接近。

2 不同级别、不同熔体流动速率的聚乙烯管材、管件，或不同标准尺寸比（SDR值）的聚乙烯燃气管道连接时，必须采用电熔连接。施工前应进行试验，试验连接质量合格后，方可进行电熔连接。

3 管道铺设时，应在管顶同时随管道走向铺设示踪线，示踪线的接头应有良好的导电性。

4 连接完成后的接头应自然冷却，冷却过程中不得移动接口、拆卸加紧工具或对接口施加外力。

5 管道连接完成后，应进行序号标记，并做好记录。

6 采用热熔连接或电熔连接的接口完成连接后，应进行100%外观检验，热熔连接的接口尚应做10%翻边切除检验。

7 管道铺设完毕后，应在管道强度、严密性试验合格，且外壁经外观检查，确认不存在影响管道质量的划痕、磕碰等缺陷，做好隐蔽验收记录，方可进行回填。

8 管道安装施工尚应符合现行《聚乙烯燃气管道工程技术规程》CJJ 63的有关要求。

11.3.4 钢骨架聚乙烯复合管施工应符合下列规定：

1 钢骨架聚乙烯复合管应采用电熔连接或法兰连接。当采用法兰连接时，宜设置检查井（室）。

2 施工现场断管时，截口应进行塑料（与母材相同材料）热封焊。严禁使用未封截口的管材。

3 电熔连接应符合下列要求：

（1）电熔连接后应进行外观检查，溢出电熔管件边缘的溢料量（轴向尺寸）不得超过表11.3.4的规定。

表11.3.4 电熔连接熔焊溢料量（轴向尺寸）

管道公称直径（mm）	50~300	350~500
溢出电熔管件边缘量（mm）	10	15

（2）电熔连接内部质量应符合现行《燃气用钢骨架聚乙烯复合管件》CJ/T 126的规定，可采用在现场抽检试验件的方式检查。试验件的接头应采用与实际施工相同的条件焊接制备。

4 法兰连接应符合下列要求：
（1）法兰密封面、密封件（垫圈、垫片）不得有影响密封性能的划痕、凹坑等缺陷。
（2）管材应在自然状态下连接，严禁强行扭曲组装。
5 采用钢质套管时，其内径应大于穿越管段上直径最大部位的外径加50mm；采用混凝土套管时，其内径应大于穿越管段上直径最大部位的外径加100mm。套管内严禁设法兰接口，并尽量减少电熔接口数量。
6 在管道上安装直径大于100mm的阀门、凝水缸等管路附件时，应设置支撑加固。

11.4 管道附件与设备安装

11.4.1 管道附件、设备应在管道吹扫完成后安装。
11.4.2 阀门、凝水缸、补偿器等附件、设备安装应符合下列规定：
 1 阀门、凝水缸及补偿器等管件安装前，应确认其品种、规格、型号符合要求。并按其产品标准要求进行强度和严密性试验，经试验合格的设备、附件应做好标记，并应填写试验记录后方可使用。
 2 安装前应将管道附件及设备的内部清理干净，不得存有杂物。
 3 阀门应检查阀芯的开启度和灵活度，对阀体进行清洗、上油。
11.4.3 每处附件、设备均宜一次完成安装，且安装时不得有再次污染已吹扫完毕管道的操作。
11.4.4 管道附件、设备安装完毕后，应及时对连接部位进行防腐处理。
11.4.5 管道附件、设备安装完成后，应与管线一起进行严密性试验。
11.4.6 阀门安装应符合下列规定：
 1 安装有方向性要求的阀门时，阀体上的箭头方向应与燃气流向一致。
 2 法兰或螺纹连接的阀门应在关闭状态下安装，焊接阀门应在打开状态下安装。焊接阀门与管道连接焊缝宜采用氩弧焊打底。
 3 阀门安装过程中应保证受力均匀，阀门下部应根据设计要求设置承重支撑。严禁强力组装。
 4 阀门连接时，与阀门连接的法兰应保持平行，其偏差不得大于法兰外径的1.5‰，且不得大于2mm。并符合本规程第8.3.5条有关规定。
 5 在阀门井内安装阀门和补偿器时，阀门应与补偿器先组对后，再与管道上的法兰组对。
 6 对直埋的阀门，应按设计要求做好阀体、法兰、紧固件及焊口的防腐。
 7 安全阀应垂直安装，安装前必须经法定检验部门检验并铅封。
11.4.7 凝水缸安装应符合下列规定：
 1 钢制凝水缸在安装前，应按设计要求对外表面进行防腐。
 2 凝水缸的抽液管应按同管道的防腐等级进行防腐。
 3 凝水缸必须安装在所在管段的最低处。
 4 凝水缸盖应安装在凝水缸井的中央位置，出水口阀门的安装位置应方便操作和检修。

11.4.8 波纹补偿器的安装应符合下列规定：
 1 安装前应按设计要求的补偿量进行预拉伸（压缩），补偿器受力应均匀。
 2 补偿器安装应与管道保持同轴，安装时不得用补偿器的变形（轴向、径向、扭转等）来调整管位的安装误差。
 3 安装时应设临时约束装置，待管道固定后，方可拆除临时约束装置，并解除限位装置。

11.4.9 绝缘法兰安装应符合下列规定：
 1 安装前，应对绝缘法兰进行绝缘试验检查，其绝缘电阻不得小于1MΩ；当相对湿度大于60%时，其绝缘电阻不得小于500kΩ。
 2 两对绝缘法兰的电缆线连接应符合设计要求，并应做好电缆线及接头的防腐，金属部分不得裸露于土中。
 3 绝缘法兰外露时，应有保护措施。

11.5 检 查 井

11.5.1 检查井的平面位置和高程应准确，检查井的结构尺寸应符合设计要求。
11.5.2 检查井施工应符合本规程第8.8节的有关规定。
11.5.3 检查井内管道附件与设备安装应符合本规程第11.4节的有关规定。

12 开槽施工电力沟

12.0.1 开槽施工电力沟的土方施工应符合《土方与地基施工技术规程》Q/BMG 102 的有关规定。

12.0.2 混凝土电力沟结构施工除应符合《混凝土结构施工技术规程》Q/BMG 103 的有关规定外，尚应符合本规程第 8.4 节的有关规定。

12.0.3 抗渗混凝土电力沟施工应符合下列规定：

1 抗渗混凝土可根据设计和工程抗裂性需要掺加钢纤维或合成纤维。

2 固定管沟外墙模板的螺栓，宜采用工具式螺栓或在螺栓上加焊止水装置。外墙上使用的穿墙套管均应加工为止水套管。

3 沟墙施工缝应不渗、不漏、垂直贯通符合设计要求。设计未规定时，应要求设计确定。几种常规构造形式见附录 D。

12.0.4 混凝土管沟施工缝应符合下列规定：

1 底板混凝土应连续浇筑，不宜设置施工缝，宜以变形缝为施工缝，由一端向另一端推进如确需留置施工缝时，应按照设计要求，设置止水带。

2 水平施工缝不得留在剪力或弯矩最大处。基础与墙分次浇筑时，施工缝宜设在两侧墙体上，距底板 100mm 左右处。顶板与墙宜一次浇筑完成，需分次浇筑时，宜在板上、下 100mm 左右设缝。

3 垂直施工缝应设在变形缝的位置，变形缝应避开地下水较多的地段。

12.0.5 砌筑墙体与预制顶板电力沟施工应符合《砌体结构施工技术规程》Q/BMG 104 的有关规定和本规程第 8.5 节的有关规定。

12.0.6 变形缝与止水带安装施工应符合下列规定：

1 侧墙和顶板的变形缝与底板变形缝应对正、垂直贯通。

2 止水带宜根据结构变形缝的长度定制成环的止水带，接头宜采用热压焊。尽量不设接缝；当止水带有接缝时，应设在边墙较高的位置上，不得设在结构转角处。

3 止水带中心线应与变形缝中心线重合，不得穿孔或用铁钉固定，损坏处应及时进行修补。

4 变形缝（止水带）两侧混凝土不得同时浇筑，应先将浇筑混凝土一侧的止水带固定，再按照填缝材料结构的截面尺寸进行准确下料、安装并固定好。止水带和填缝材料安装完毕后应及时进行验收，确认合格后方可合模。

5 支立端模板时应支撑牢固、拼缝严密，严防漏浆，经验收确认合格后方可浇筑混凝土。

6 变形缝止水带安装验收后应进行保护，防止在模板支立、拆除时或混凝土浇筑时造成止水带破损、移位或扭曲。

7 变形缝两侧混凝土在拆模时和拆模后应注意保护，防止破坏。变形缝清理干净后，应及时填嵌缝料，填料应密实，与结构粘结牢固。

12.0.7 电力沟采用水泥砂浆刚性防水层时，施工宜符合《管道工程施工工艺规程》Q/BMG 203 第75节的有关规定。

12.0.8 电力沟采用卷材防水层时，施工应符合下列规定：

  1 卷材防水层为单层防水时，应在搭接缝处进行补强处理。卷材防水层为多层时，每层卷材的搭接部位应相互错茬，且不小于150mm。

  2 防水层及其转角处、变形缝、穿墙管道等细部做法均必须符合设计要求。阴阳角应做成弧形圆角。

  3 卷材防水层的搭接缝应粘结牢固，密封严密，不得有皱褶、翘边和鼓泡等缺陷。

  4 侧墙卷材防水层的保护层与防水层应粘结牢固、结合紧密，厚度均匀一致。

  5 地下防水层严禁在雨天、雪天和五级风及其以上时施工，其施工作业环境气温应不低于-10℃。

12.0.9 电力沟检查井施工除应符合本规程第8.8节等有关规定外，现浇混凝土尚应符合下列规定：

  1 井室为异形结构时，模板支立应符合施工设计要求，各连接部位必须严密、牢固。

  2 使用组合钢模板，对于不合模数的部分，应按现况采用与模板同厚的木板，四角刨平，紧密嵌入缝中，并保持严密、牢固。

  3 模板支搭完毕，必须经检查，确认合格、牢固，方可进入下一工序。

  4 拆除模板时，应按施工方案有序进行，并保持混凝土表面棱角不受损害和安全作业。

  5 井筒可用内径为800mm的钢筋混凝土企口管，或用预制钢筋混凝土井筒。井筒与井室连接应严密，不得渗漏。

  6 踏步安装应符合下列要求：

  （1）踏步应为防腐踏步。

  （2）踏步从井口向下第一个踏步距井口宜为22～360mm，安装应上下垂直，尺寸一致，圆形踏步应向圆井中心。

  （3）踏步应位置正确，埋设牢固。砂浆或混凝土未达到设计强度前不得踩踏。

  7 人孔应按设计要求选用和安设井盖，井盖安装应牢固。

  8 检查井及管沟中的集水井尺寸应符合设计要求，井口加箅子。

12.0.10 管沟及检查井内电缆支架、吊架、螺栓、拉环等安装除应符合设计要求外，尚应符合下列规定：

  1 预埋件应位置正确、安装牢固，无遗漏。

  2 混凝土浇筑中应有专人检查、修正，防止墙、柱钢筋及预埋件位移和松动。

12.0.11 沟内步道应符合下列要求：

  1 步道采用现浇、预制均应符合本规程混凝土施工相关要求。

  2 步道采用台阶、礓磙或坡道等应符合设计要求。

  3 步道施工不得损伤原有防水结构。

  4 步道混凝土或砂浆强度达到设计要求前不得踩踏。

13 不开槽法施工

13.1 一般规定

13.1.1 不开槽施工方法中，一般顶管法适用于直径 800～3000mm 管道施工；盾构法适用于直径 2000mm 以上管道施工；浅埋暗挖法适用于直径 2000mm 以上管道施工；水平钻机、气动矛、定向钻、夯管锤等机具适用于直径 100～1000mm 管道施工。

13.1.2 采用不开槽施工管道均应编制独立的施工组织设计。施工组织设计应包括下列内容：

1 施工现场平面布置图。
2 施工方法选定与掘进机械的选型。
3 工作竖井的选位、施做方法与检查井的施做方法。
4 给水、排水、照明与动力供电（应设置双路电源或应急自备电源）、消防、通风、通信等设计。
5 施工用材料（管材、管片、钢筋格栅、防水材料、浆液原材料等）运输、贮存、安装与注浆、补浆方案。
6 循环作业的方案与网络控制计划。
7 配套辅助施工机械设备的选型和配置。
8 穿越土层的掘进与水平、垂直运输方案。
9 管道结构进入土体与脱离土体的技术措施。
10 测量与监控方案。
11 防漏电、防缺氧、防毒等安全监测和保护措施。
12 施工安全技术措施。

13.1.3 施工前应掌握施工地段内的工程地质水文地质条件，现场水、电、运输、排水条件和地上、地下建（构）筑物的结构特征、基础做法与高程等，用以编制施工组织设计。

13.1.4 不开槽施工中的施工竖井（工作坑）宜设置在施工与运输条件较好，对周围建（构）筑影响少的管道检查井的井位。

13.1.5 施工前应采取降水措施将地下水降至竖井底部 500mm 以下，且工作竖井应进行抗浮校核。降水施工的管段，工程完成前，不得停止降水。

13.1.6 竖井四周与顶管工作坑四周及工作坑工作平台四周应设护栏。井（坑）内应设上、下梯道和排水设施。竖井四周应设高出地面 300mm 的挡墙。

13.1.7 始发竖井与接收竖井中，进出土体的洞口四周宜根据实际情况与选定的不开槽工法要求进行土体加固并对洞口设置易于装、拆的临时封堵设施。

13.1.8 施工中应根据选定的工法采取必要的土壤加固、减阻、填充浆液施工。并符合下列要求：

1 加固土层用的注浆液应依据土层种类通过试验选定。采用水玻璃、改性水玻璃注浆加固时应取样进行注浆效果检查。注浆压力宜控制在0.15~0.3MPa，最大不得超过0.5MPa。注浆稳压时间不得小于2min。注浆后，应根据注浆液种类及相应加固试验效果，确定土层开挖时间。一般4~8h后，方可开挖土层。

2 减阻浆液宜采用触变泥浆。使用膨润土配制触变泥浆，应测定其胶质后，通过试验确定水、膨润土和碱的质量配合比。触变泥浆配制后，应静置12~24h方可使用。

3 填充浆液宜采用水泥粉煤灰浆液。浆液应搅拌均匀，无结块。注浆压力应根据管顶以上覆土厚度确定，一般宜控制在0.1~0.3MPa，砂卵石层中为0.1~0.2MPa。注浆量按计算管壁与土层间隙量的150%控制。

13.1.9 施工中应建立管道方向偏差调整、注浆效果等控制信息系统，并指导施工。

13.1.10 施工中，应依据监控测量方案进行管道施工监控与测量。监控测量应符合《市政基础设施工程测量技术规程》Q/BMG 101的有关规定。

13.1.11 施工中，应对每个工作循环进行量测、监控、纠偏并记录，保持进尺时间、长度，机械运行状态，管道中心线、高程动态变化等原始记录完好。

13.2 顶管法施工

13.2.1 施工前应根据管径、所处土层性质、地下水位、地上与地下建（构）筑物和各种设施等因素选择顶管方式。宜优先选择机械掘进式顶管。并符合下列规定：

1 在无地下水影响的黏质土或砂质土层，宜采用机械或人工掘进顶管。当土质为砂砾土时，宜采用土压平衡式顶管机，人工掘进宜采用具有支撑的工具管或注浆加固土层的措施。

2 在软土层，管顶以上土层较厚且无障碍的条件下，宜采用挤压式或网格式工具管。

3 需控制地面隆、陷时，在软黏质土层中宜采用土压平衡顶管法，在粉砂土层中宜采用加泥式土压平衡或泥水平衡顶管法。

4 当管径小于等于800mm时，不得采用人工掘进式顶管；管径小于600mm的金属管宜采用挤密土层顶管法或扩孔法，一次顶进长度不宜大于1个井距（<60m）。

5 当管径大于1200mm时，宜根据土质条件选用土压平衡、泥水平衡式顶管掘进机。

13.2.2 穿越建（构）筑物时宜采用边顶进、边注浆填充，一个顶进单元结束后，应及时进行注浆加固，控制地面隆起和塌陷。

13.2.3 当采用土压平衡、泥水平衡或设有密封仓的顶管掘进机顶管时，应对工作坑及其四周进行降水，并对工作坑四壁及顶管机进出工作坑洞口采取密封止水措施。

13.2.4 顶进单元长度应根据设计要求的管道穿越长度、井室位置、地面运输与开挖工作坑的条件、顶进需要的顶力、后背与管口可能承受的顶力以及支持性技术措施等因素综合确定。

13.2.5 顶管的顶进阻力宜按公式（13.2.5）计算：

$$F_P = \pi D_o L f_k + N_F \tag{13.2.5}$$

式中 F_P——顶进阻力，kN；

D_o——管道的外径，m；

L——管道的设计顶进长度，m；

f_k——管道外壁与土的单位面积平均摩阻力，kN/m²，通过试验确定；对于采用触变泥浆减阻技术的宜按表13.2.5-1选用；

N_F——顶进时迎面阻力，kN，不同类型顶管机的迎面阻力宜按表13.2.5-2选计算式。

表13.2.5-1 采用触变泥浆的管外壁单位面积平均摩擦阻力 f_k（kN/m²）

管材＼土类	黏性土	粉土	粉、细砂土	中、粗砂土
钢筋混凝土管	3.0~5.0	5.0~8.0	8.0~11.0	11.0~16.0
钢管	3.0~4.0	4.0~7.0	7.0~10.0	10.0~13.0

表13.2.5-2 顶管机迎面阻力（N_F）的计算公式

顶进方式	迎面阻力（kN）	式中符号
敞开式	$N_F = \pi(D_g - t)tR$	e——开口率 t——工具管刃脚厚度，m α——网格截面参数，宜取0.6~1.0。 P_n——气压强度，kN/m² P——控制土压力 D_g——顶管机外径，mm R——挤进阻力，kN/m²，取 $R = 300 \sim 500$ kN/m²
挤压式	$N_F = \dfrac{\pi}{4} D_g^2 (1-e) R$	
网格挤压	$N_F = \dfrac{\pi}{4} D_g^2 \alpha R$	
气压平衡	$N_F = \dfrac{\pi}{4} D_g^2 (\alpha R + P_n)$	
土压平衡和泥水平衡	$N_F = \dfrac{\pi}{4} D_g^2 P$	

13.2.6 顶管宜采用工作坑壁的原土作后背。选择时应根据顶力，按下列规定对后背的安全进行核算，后背原土不能满足顶力要求时，应采取补强、加固措施或设计结构稳定可靠、拆除方便的人工后背。

1 根据需要的总顶力及后背土体单位面积允许承载力，估算后背受力面积；土体的允许承载力可取下列数值：

一般土壤　　　　　　　　　　　　　150kN/m²

湿度较大的粉质砂土　　　　　　　　100kN/m²

比较干的黏土、粉质黏土及密实的砂土　200kN/m²

2 核算后背受力宽度。根据需要的总顶力计算所得的土壁单位宽度上所受顶力不得大于后背每米宽度上土壤的总被动土压力 P'。P' 值按公式（13.2.6-1）计算：

$$P' = \frac{1}{2}\gamma h^2 \tan^2\left(45° + \frac{\varphi}{2}\right) + 2Ch\tan\left(45° + \frac{\varphi}{2}\right) \tag{13.2.6-1}$$

式中 P'——土壤总被动土压力，kN/m；
γ——土壤的重度，kN/m³；
h——天然土壁后背的高度，m；
φ——土壤的内摩擦角，°；
C——土壤的黏聚力，kN/m²。

根据上式计算之各种高度的每米宽度上总被动土压力值，见表13.2.6。

表13.2.6 每米宽度上总被动土压力计算值

土 壤 类 别	γ (kN/m³)	φ (°)	C (kN/m²)	各种高度的每米宽度上总被动土压力（kN/m）		
				$h=2m$	$h=4m$	$h=6m$
粉质黏土（较软）	19	20	10	135	423	873
粉质黏土（较硬）	20	25	20	224	645	1260
粉质砂土（较软）	16	25	5	110	378	802
粉质砂土（较硬）	18	30	—	177	570	1180
中细砂	17.5	30	—	105	420	945
粗砂砾石	20	35	—	148	590	1330

13.2.7 工作坑施工应符合下列规定：

1 工作坑开挖断面，应根据工作坑类型、现场环境、土质、挖深、地下水位及支撑材料规格、管径、管长、顶管机具规格、下管及出土方法等条件确定。工作坑应有足够的工作面，坑底尺寸应按公式（13.2.7-1）、式（13.2.7-2）计算，并见图13.2.7。

$$底宽 = D_1 + S \quad (13.2.7\text{-}1)$$

$$底长 = L_1 + L_2 + L_3 + L_4 + L_5 \quad (13.2.7\text{-}2)$$

式中 D_1——管外径，m；
S——操作宽度，m，取2.4~3.2m；
L_1——管子顶进后，尾部压在导轨上的最小长度，钢筋混凝土管取0.3~0.5m；金属管取0.6~0.8m；机械挖土、挤压出土及管前使用其他工具管时，工具管长度如大于上述铺轨长度的要求，L_1应取工具管长度；
L_2——管节长度；
L_3——出土工作间长度，根据出土工具而定，宜为1.0~1.8m；
L_4——液压油缸长度，m；
L_5——后背所占工作坑长度，包括横木、立铁、横铁，取0.85m。

2 工作坑的支撑形式应根据开挖断面、挖深、土质条件、地下水状况及总顶力确定，且符合下列规定：

（1）工作坑支撑结构宜形成封闭式框构，框构应设斜撑加固。
（2）工作坑开挖深度达2m时，即应进行支撑。
（3）工作坑可采用钻孔桩、喷锚水泥混凝土、钢木支撑等支护方法。

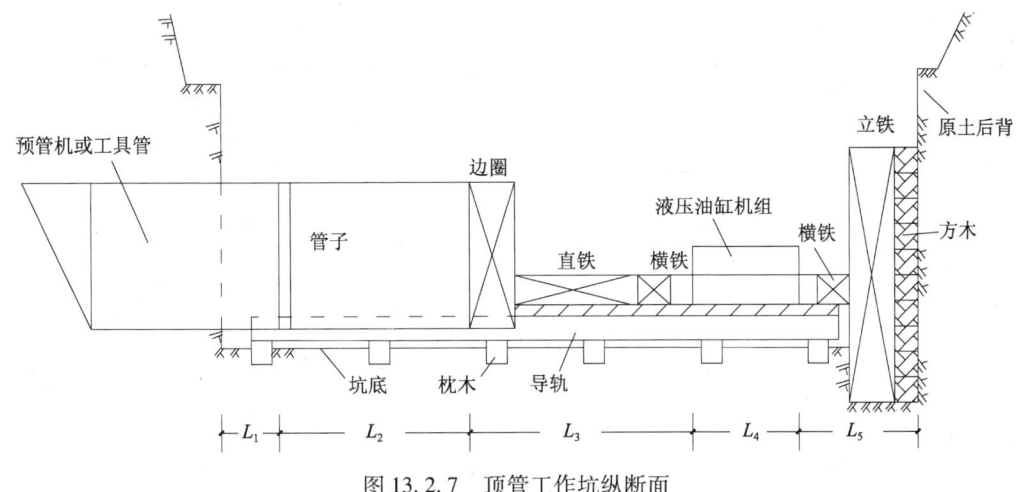

图 13.2.7 顶管工作坑纵断面

(4) 挖深大于6m且有地下水时，宜采用地下连续墙、沉井等支护方法。

3 工作坑深度应按公式（13.2.7-3）、式（13.2.7-4）规定计算：

$$H_1 = h_1 + h_2 + h_3 \quad (13.2.7\text{-}3)$$
$$H_2 = h_1 + h_2 \quad (13.2.7\text{-}4)$$

式中 H_1——顶进坑地面至坑底的深度，m；
H_2——接受坑地面至坑底的深度，m；
h_1——地面至管道底部外缘的深度，m；
h_2——管道外缘底部至导轨底面的高度，m；
h_3——基础及其垫层的厚度。工作坑处于井室时，不得小于该处井室的基础及垫层厚度，m。

4 施工管段两端条件相似时，宜在管线下游的一侧选设工作坑。

5 工作坑应设防雨罩，需要排水时应设集水坑，四周应设安全护栏，出入工作坑处应设安全爬梯及安全指示灯。

6 管道穿越工作坑壁封门处的土体应根据封闭要求进行加固，其加固范围长度宜不小于掘进机长，其他各方向宜按掘进机直径及土体特征确定。

13.2.8 后背墙的施工应符合下列规定：

1 原土作后背墙应符合下列要求：

（1）后背土壁应铲修平整，并使壁面与管道顶进方向垂直。

（2）后背墙宜采用方木、型钢、钢板等组装，组装后的后背墙应有足够的强度和刚度。其埋深应低于工作坑底，且不小于500mm。

（3）后背墙应与后背土体壁面紧贴，间隙应用砂石料填塞密实。

（4）型钢、方木、预制后背等应贴紧土体横放，在其前面放置立铁，立铁前放置横铁。

2 人工后背墙应符合下列要求：

（1）预制件拼装时，各拼装件连接应牢固。

（2）现浇混凝土后背应振捣密实，后背外露工作面应表面平整，后背强度符合设计要求，混凝土达到要求强度后，方可回填土。

（3）砌体后背的砌筑砂浆强度符合设计要求，砂浆应饱满，砌体强度达到要求后方可填土。

（4）沉入桩加固后背，桩入土深度应符合设计要求。

（5）人工后背的填料宜采用半刚性材料，压实度不得小于95%。

3 后背墙的施工偏差应符合表13.2.8的规定。

表13.2.8 后背墙施工允许偏差

项 目		允许偏差（mm）
后背墙	垂直度	0.1%H
	水平扭转度	0.1%L

注：① H为后背墙的高度（mm）；
② L为后背墙的长度（mm）。

4 利用已完成顶进的管段做后背时，顶力中心宜与已完工管道中心重合，顶进所需顶力应小于已完成顶进管段提供的阻抗力，后背钢板与管口间应垫以缓冲材料，保护管口不受损伤。

13.2.9 导轨安装应符合下列要求：

1 导轨宜据管材质量选择型号匹配的钢轨作导轨。

2 工作坑底有水，或土质松软，或管节质量大时，应浇筑水泥混凝土基础，将枕铁、枕木埋设于混凝土中；当工作坑底无水，土质坚实，可挖土槽埋设枕铁、枕木。枕铁、枕木长度宜采用2～3m，宜比导轨外缘两边各长出200～300mm，其埋设间距可根据管质量、顶力和土质选取，一般为400～800mm。

3 枕铁、枕木安装后，经检验合格后方可安装导轨。

4 混凝土基础的宽度宜比管外径宽400mm，厚度宜为200～300mm，顶面应低于枕铁或枕木顶面10～20mm。

5 枕铁宜用型钢制成，并附有固定导轨的特制螺栓；采用枕木时，截面宜采用150mm×150mm。

6 两根导轨的内距应按公式（13.2.9）计算，见图13.2.9。

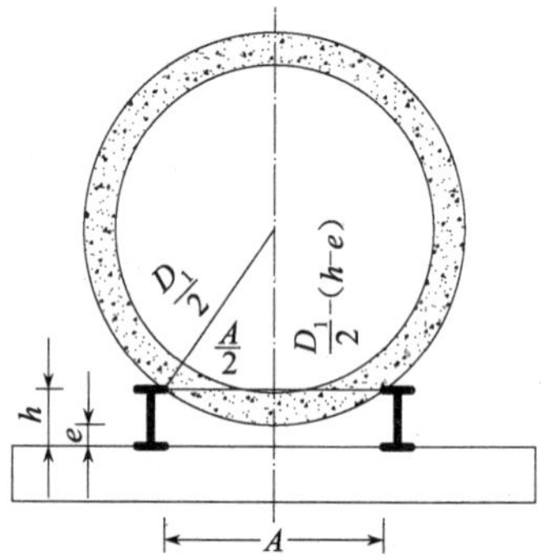

图13.2.9 导轨安装

$$A = 2\sqrt{\left(\frac{D_1}{2}\right)^2 - \left[\frac{D_1}{2} - (h-e)\right]^2}$$
$$= 2\sqrt{[D_1 - (h-e)](h-e)}$$

(13.2.9)

式中 A——两导轨内距，mm；
　　D_1——管外径，mm；
　　h——导轨高，mm；
　　e——管外底距枕铁（枕木）面的距离，mm。

7 两根导轨应直顺、平行、等高，导轨安装牢固，其纵坡与管道设计坡度一致。

8 导轨的高程和内距允许偏差为±2mm；中心线允许偏差为3mm；顶面高程允许偏差为0～+3mm。保持置于导轨中的管材外壁与枕铁、枕木基础间20mm左右间隙。

13.2.10 工作平台安装应符合下列规定:

1 工作平台应在顶管工作坑开挖与支护完成后进行。

2 工作平台承重主梁应根据管材质量及各种施工附加荷载计算选用,主梁两端应伸出坑外1200mm以上(含)。

平台开口的尺寸宜按公式(13.2.10-1)、式(13.2.10-2)计算:

$$长度 L = L_2 + 0.8 \tag{13.2.10-1}$$
$$宽度 B = D_1 + 0.8 \tag{13.2.10-2}$$

式中 L_2——管节长度,m;

D_1——管外径,m。

3 支于工作平台上的起重架必须根据起吊设备能力及起吊物质量核算确定,安装应牢固。

4 工作坑上的平台孔口必须安装护栏。

13.2.11 垂直起重运输设备安装应符合《北京市市政工程施工安全操作规程》DBJ 01—56有关规定。

13.2.12 液压顶进设备安装应符合下列规定:

1 安装前应对液压油缸(千斤顶)、高压油泵、液压管路及其控制系统与顶铁等进行检查,确认完好。

2 高压油泵宜设置在液压油缸附近;油管应直顺、转角少;控制系统应布置在易于操作的部位。油泵应与液压油缸相匹配,并应有备用油泵。

3 液压油缸的油路应并联,每台液压油缸均应有进油、退油的控制系统。

4 液压油缸的着力中心宜位于管子总高的1/4左右处,且不小于组装后背高度的1/3。使用一台液压油缸时,其平面中心应与管道中心线一致;使用多台液压油缸时,各液压油缸中心应与管道中心线对称。

5 直径大的管道宜采用组合式顶进设备、长行程液压油缸以减少顶铁。

6 顶铁应符合下列要求:

(1)顶铁应有足够的刚度,顶铁宜有锁定装置,顶铁单块旋转时应能保持稳定。

(2)顶铁宜采用材质型号统一的型钢焊接成型。焊缝不得高出表面,且不得脱焊。顶铁长度应模数化。

(3)顶铁安装后其轴线应与管道轴线平行、对称,顶铁表面不得有泥土、油污。

(4)顶铁应顺向安装,并根据顶铁的截面尺寸确定顺向使用的长度。当采用截面为200mm×300mm顶铁时,单行不得大于1.5m;双行不得大于2.5m,且应在中间加横向顶铁相连。

(5)顶铁与管口顶接处应采用缓冲材料衬垫和U形或环形顶铁等措施,减少管材端面的压应力。

13.2.13 顶进设备安装后应进行试运行,正常后方可正式运行。顶进设备运行应符合下列规定：

1 开始顶进时应慢速，待各接触部位密合后，再按正常顶进速度顶进。

2 顶进中若发现油压突然增高，应立即停止顶进，查明原因，排除故障后，方可继续顶进。

3 液压油缸活塞退回时，油压不得过大，速度不得过快。

4 顶进时，工作人员不得在顶铁上方及其侧面停留，并应随时观察顶铁有无异常迹象。

13.2.14 机械掘进顶管应符合下列规定：

1 在导轨上对接首节管材，校核顶管机（工具管）与首节管的中心线及前后两端的高程，确认无误后，方可顶进。

2 顶管机与第一节管材连接时，其尾部在导轨上的长度不得小于300mm，管材为企口管时，应在顶管机尾部先安装企口钢环，与插口均匀吻合。

3 应根据土质及顶管机的机械性能，确定顶进速度。挖土量、输土量与顶速应匹配，当土质变化时应及时调整。

4 当产生切削功率陡增或顶力陡增及后背严重变形，顶铁扭翘等情况时，应停止顶进，分析原因，采取措施后再恢复顶进。

5 机械掘进，初始阶段与掘进近于终结阶段应缓速，使用土压平衡掘进机或泥水式掘进机，应保持不加压状态。掘进机入土稳定后，方可匀速顶进。

13.2.15 人工掘进顶管应符合下列规定：

1 土质良好并在正常顶进情况下，掘进距离宜为300～500mm，土质不良段不得超过300mm。

2 铁路道轨下不得超越管端以外100mm，并随挖随顶，在道轨以外路基范围内不得超过300mm，并应符合管理单位的有关规定。

3 一般顶管地段，管顶最大超挖量宜控制在1.50mm左右；管底部位135°范围内不得超挖。见图13.2.15；在不允许土层下沉的顶管地段，管周围不得超挖。

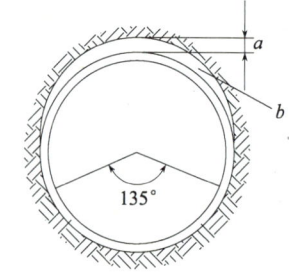

图 13.2.15 超挖示意图
a—最大超挖量；b—允许超挖范围

4 挖土人员应在工具管或管节内操作。严禁在管外进行挖土。

5 挖土前，应先将工具管或管节刃口部分切入土体中，挖土应自上而下分层开挖。

6 在顶进过程中发生塌方或遇到障碍、后背倾斜或严重变形、顶铁发现扭曲迹象、管位偏差过大且校正无效、顶力较预计增大且接近管节端面许可承受的顶力等情况之一时，应立即停止顶进，及时采取措施，处理完善后，方可继续顶进。

7 液压油缸及出土运输机械的操作人员，应听从挖土指挥人员的指挥。

8 在软土层中顶进时，应防止管节飘移。

9 顶进作业时，禁止进行工作坑内的垂直运输；进行垂直运输时，禁止顶进作业。

10 采用对顶法施工时，在顶至两管端相距约1000mm时，宜先掏挖中心小洞，使两管能通视，校核两管中心线及高程，进行纠偏、对口。

11 当人工掘进顶进长度超过100m，管内应设通风设备。

13.2.16 采用中继间顶进应符合下列规定：

1 中继间的加设及数量，应依据顶进作业总顶力的计算和顶进管材的管壁承受能力经施工设计确定。

2 中继间的设计最大顶力不宜超过管节承压面抗压能力的70%。

3 中继间应符合下列要求：

（1）具有足够刚度、卸装方便，在使用中具有良好的连接性、密封性。

（2）液压油缸应同时满足顶进与纠偏需要。

（3）中继间设备应简洁、体积小，其液压设备与工作坑顶进设备宜集中控制。

4 中继间应在道轨上与顶进管连接牢固，顶进中不得错位。

5 中继间超过3个时，宜设中继间启动的联动装置，其工作顺序应自距顶管机或工具管最近的中继间开始。

6 完成管段顶进作业后，中继间应从第一组（距顶管机最近）起逐组拆卸，并在中继间空档将管节碰拢前安装止水材料，或在中继间空档现浇钢筋混凝土。

13.2.17 顶管施工的管道应接口严密，不漏水；内涨圈安装位置准确，缝隙均匀，填料密实。

13.2.18 采用触变泥浆减阻应符合下列规定：

1 顶管过程中，应在管节四周注触变泥浆，使土体与管节间形成20~30mm厚的泥浆环，减少顶力和防止土层坍塌。

2 泥浆拌合机及储浆罐、注浆泵、输浆干管、分浆罐等设备应完好。

3 前封闭外径宜比管节外径大40~60mm，可用顶管机作前封闭。

4 触变泥浆灌注应从顶管的前端进行，待顶进数米后，再从后端及中间进行补浆。

5 顶管终止顶进后，应向管外壁与土层间的空隙，进行充填注浆以置换触变泥浆层。

6 注浆孔个数应根据所顶管节的管径而定，宜为4~6个，均匀布置。输浆管宜用钢管或高压胶管。

13.2.19 开放式顶管开挖面及管顶部位遇有粉细砂及砂砾石土层时，应进行土层加固，防止顶进过程管前产生坍塌。土层加固范围应根据土层性质、管径、施工环境条件等，经施工设计确定。对松散砂砾层及回填土层，宜采用水泥浆液进行土壤加固。对粉细砂及砂砾土层，宜采用水玻璃浆液进行土层加固。

13.2.20 顶管用管材与接口应符合下列规定：

1 钢筋混凝土管应符合现行《顶进施工法用钢筋混凝土排水管》JC/T 640有关规定。宜根据管理与施工要求优先选企口式（胶圈接口，见图13.2.20-1）、双插式（T形套环胶圈接口，见图13.2.20-2）和钢承口式（胶圈接口，见图13.2.20-3）等接口形式管材。

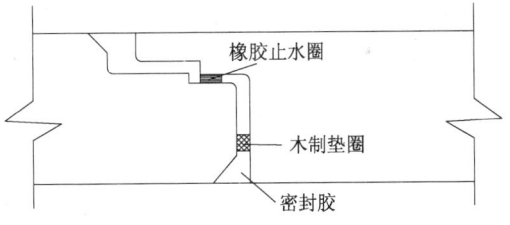

图13.2.20-1 企口式胶圈管接口

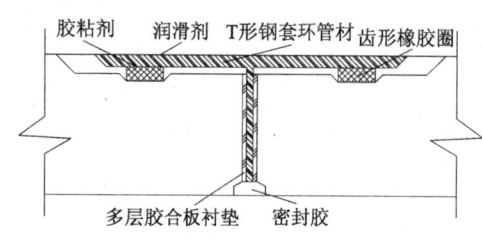
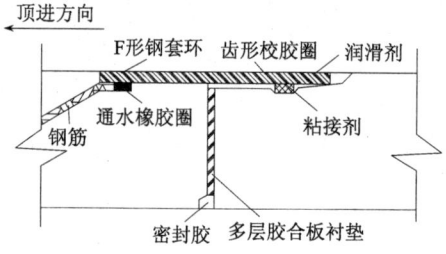

图13.2.20-2　T形套环胶圈管接口　　　　图13.2.20-3　钢承口式胶圈管接口

2　钢管管材应根据管道输送介质的种类，按国家现行有关标准选择管材，并宜在制造厂施作管材内、外壁的防腐层，管外壁的耐磨保护层。

3　玻璃钢夹砂管应符合现行《玻璃纤维增强塑料夹砂管》GB/T 21238有关规定。

4　聚乙烯管材应根据铺设管道输送介质的种类，按现行《给水用聚乙烯（PE）管材》GB/T 13663、《燃气用埋地聚乙烯（PE）管道系统第1部分：管材》GB/T 15558.1、《燃气用埋地聚乙烯（PE）管道系统第2部分：管件》GB/T 15558.2选用。

13.2.21　顶管施工测量与纠偏除应符合本规程12.1节有关规定外尚应符合下列规定：

1　人工掘进顶管应符合下列要求：

（1）顶距在60m范围内，中心线测量宜根据工作坑内设置的中心桩挂设中心线，利用特制的中心尺，测量首节管前端的中心偏差；顶距超过60m时，宜使用经纬仪测量中心线或采用激光经纬仪和光栅靶测量。

（2）在正常顶进中，每顶进300～500mm测量一次管道中心与高程。

（3）高程测量，应使用水准仪和特制的高程尺进行，除测量首节管前端管底高程，尚应测量首节管后端管底高程，以掌握首节管的坡度；工作坑内应设置稳固的水准点2点，供测量高程时互相闭合。

（4）一个顶管段完成后，应测量一次管道中心线和高程；每个接口应测一点，有错口时测两点，并形成文件。

（5）纠偏过程中应增加测量密度；每顶进100～200mm测量一次。

2　机械掘进顶管应符合下列要求：

（1）宜采用带有自动测量系统的顶管掘进机，进行顶进过程测量，并据测量成果控制纠偏。

（2）有自动测量系统的顶管掘进机在初始顶进阶段及临近结束顶进阶段应加密人工校测，复核自动测量系统的准确度。初始与结束阶段宜500mm进行一次人工校核，必要时，加密校测。正常顶进阶段宜每顶进一节管材校测一次掘进机状态与末端管状态。

（3）正常顶进条件下宜每交接班作一次顶进管段管底高程与中线位置校测。

（4）顶进过程发现倾向性偏差趋势，即应开始纠偏，纠偏应采取渐进式。

（5）顶管机纠偏应在顶管机的切削刀盘运转状态下进行。纠偏时应随时量测顶管机的位置、沿轴线方向倾角、绕轴线方向偏转角，各液压油缸的行程、管节位置等。

13.3　盾构法施工

13.3.1　管道工程采用盾构施工应符合《城市快速轨道交通工程施工技术规程》Q/BMG

109 的有关规定。

13.3.2 盾构施工的管道作闭水试验时，应符合下列规定：

1 管道闭水试验应在管道施工后中心线、高程及盾构壁外观质量检验合格后进行。

2 管道的实测渗水量应小于公式（13.3.2）计算值。

$$Q \leqslant 1.25\sqrt{D} \qquad (13.3.2)$$

式中 Q——允许渗水量，$m^3/(24h \cdot km)$；
　　　D——等效内径，mm。

3 当管道内径小于或等于 3m 时，试验水头为管内顶高程加 2m。

4 当管道处于地下水位以下时，宜采用内渗法量测渗水量；渗水量小于规定值，且无漏水现象为合格。

5 管道闭水试验应用抽样法进行；抽样长度宜为管道长度的 10%；试验段应带井，单段长度不宜小于 100m；抽样管道位置由有关单位或监理单位指定，抽样管段经 24h 浸泡后进行渗水量测定，测定值小于允许渗水量时，闭水试验合格，并视为全线试验合格。

13.4 浅埋暗挖法施工

13.4.1 管道采用浅埋暗挖法施工应符合《城市快速轨道交通工程施工技术规程》Q/BMG 109 的有关规定。

13.4.2 采用浅埋暗挖法的管道防水层，宜采用软塑料类防水卷材。

13.4.3 需作闭水试验的管道，闭水试验应在管道二衬完成，中线、高程与外观验收合格后进行。并符合本规程第 13.3.2 条有关规定。

13.5 定向钻法施工

13.5.1 定向钻铺管适用于黏土、粉质黏土、粉砂、中砂等土层。

13.5.2 采用定向钻机铺管，宜根据铺管的种类、管径与走向要求，选择钻机。管径较大的管和重力流管道宜采用坑置式水平钻机铺管。曲线铺管宜采用地表始钻式钻机铺设管道。

13.5.3 选用定向钻机，应配置相应的定位与导向仪器与辅助设备。采用干式钻进应配置空气压缩机，采用湿式钻进应配置泥浆搅拌机、泥浆泵、泥浆净化与贮存设备。

13.5.4 施工前，应根据定向钻的机型、性能与管线铺设线范围地表工作条件、铺管深度、定位精度要求、有无干扰源等因素，经技术、经济比较后确定适宜的定位与导向系统。

13.5.5 施工前应根据管材最小允许曲率半径、钻杆的最小允许曲率半径、地层条件、现场条件、铺管深度确定合理的钻进轨迹曲线。地表始钻式钻机铺管入土角宜小于 22°，铺设钢管一般取 9°～12°；出土角宜不大于 10°，钢管一般为 4°～8°。

13.5.6 管材的最小曲率半径应依据材质、管壁厚、管径及运输介质确定，并应符合表 13.5.6 的规定。

表 13.5.6　各种管材的最小曲率半径

管　材	最小曲率半径	备　注
高密度聚乙烯管（HDPE）	>100D	
钢管	>1200D	
钢管	>1500D	《城镇燃气输配工程施工及验收规范》CJJ 33
钢管	>1500D 且不得小于300m	《石油天然气管道穿越工程施工及验收规范》SY/T 4079

注：表中 D 为管外径（mm）。

13.5.7 定向钻机铺管覆土深度应大于6倍钻孔直径，且在穿越水体时不得小于5m。

13.5.8 定向钻机钻曲线孔时，其入土与出土段的钻孔应为直线形，其长度不得小于10m。其钻孔的终孔直径宜为铺设管径的1.2~1.5倍。

13.5.9 地表始钻式定向钻机采用地面锚固时，其锚固力应满足钻孔作业时最大钻进扭矩与回拖铺管时的最大回拖力。采用工作坑内始钻式定向钻时，工作坑底的承载力应满足钻孔作业时的最大钻进扭矩与回拖铺管时的最大回拖力。

13.5.10 定向钻机的钻进最大扭矩与最大回拖力应经计算确定。选用钻机的能力宜为计算值的1.3倍。

13.5.11 定向钻铺管施工过程中使用的泥浆配制应符合下列规定：

1 泥浆的黏度、密度、失水量、泥皮厚度、pH值、动切力、静切力、胶体率等参数要满足使用功能，施工过程中还应控制含砂率。

2 不同地层条件与不同铺管管径情况下的泥浆黏度如表13.5.11所示。

表 13.5.11　泥浆黏度（s）

管径（mm）	地　　层						
	黏土	粉质黏土	粉砂	细砂	中砂	粗砂	软岩石
钻导向孔	30~40	35~40	40~45	40~45	45~50	50~55	45~50
<273	30~40	35~40	40~45	40~45	45~50	50~55	45~50
273~426	30~40	35~40	40~45	40~45	45~50	55~60	50~55
426~529	40~45	40~45	45~50	45~50	50~55	55~60	50~55
>529	45~50	45~50	50~55	55~65	55~65	65~70	55~65

注：本表所示泥浆黏度系用马式漏斗计测量数据。

3 泥浆用量可按公式（13.5.11）计算，并根据施工实际效果调整。

$$Q = K(D^2/13) \times 10^4 \tag{13.5.11}$$

式中　Q——泥浆用量，L/m；

D——最大扩孔直径，m；

K——系数，通常在2~5之间，根据土质条件的不同从中选择，在黏性土壤中取2~3，砂质地层或泥浆漏失严重的地质条件下，取4~5。

4 废弃泥浆的处理应符合环境保护要求。

13.5.12 施工前应根据设计要求的入土地点与出土地点测设管道的轴线高程，标出钻机安装位置与管道组装场地等，施工占地边界应设置围挡。
13.5.13 管道的组装长度应比设计穿越长度加长20mm。
13.5.14 管道铺设后应按规定进行严密性试验。

14 沉管与桥管施工

14.1 一 般 规 定

14.1.1 安装于套管内实施穿越的管道,应在穿入管道的强度、严密性和防腐绝缘检验合格后进行安装。

14.1.2 当采用钢管时,其焊缝应按设计要求及时进行射线照像检验。

14.2 穿越水域管道施工

14.2.1 穿越河渠的管道,施工前应与河渠主管及有关部门协调配合,获批准后方可实施。

14.2.2 过河管道的施工场地布置、土方堆弃及排泥等,不得影响航运及水利灌溉。施工中应采取措施保护堤岸和建(构)筑物等的安全。

14.2.3 穿越通航河道的过河管道竣工后,应按国家航运部门有关规定设置浮标或在两岸设置标志牌,标明水下管线的位置。

14.2.4 采用拖运法或浮运法铺设管道,应根据河道水位情况确定施工时间,不宜在洪水季节进行。

14.2.5 水下沟槽应采用机械挖泥船或泵吸船开挖。沟槽底宽应根据管道结构的宽度、开挖水底泥土流动性确定。成槽后,槽底管道中心线距边坡下角处每侧宽度应符合公式(14.2.5)规定:

$$\frac{B}{2} \geq \frac{D_1}{2} + b + 500 \qquad (14.2.5)$$

式中 B——管道沟槽底部的开挖宽度,mm;

D_1——管外径,mm;

b——管道保护层及沉管附加物等宽度,mm。

14.2.6 管槽开挖前,应在两岸管道轴线上设置固定醒目的岸标,水面管道轴线上宜每隔50m抛设一个浮标标示位置。两岸应各设置水尺一把,水尺零点标高应经常检测。

14.2.7 沟槽挖至槽底或基础施工完成经检验合格后,应及时铺设管道。

14.2.8 过河管道采用钢管组装时,应选择溜放方便的场地。组装时可制作工作平台。平台应牢固、易拆卸,其高度应在管节施焊过程中不被水淹没,并设有滑移装置。组装管段每段长宜为50~80m,组装的钢管段应进行水压试验,试验压力为工作压力的2倍,且不得低于1MPa。试验合格后进行绝缘、防腐处理,确认质量合格方可铺设。

14.2.9 管道浮运应符合下列规定:

1 过河管道整体浮运时,下水前管道两端管口应采用堵板封堵,并在堵板上设置进水管、排气管和阀门。当采用分段浮运在水上连接时,管段两端管口宜采用橡胶球堵塞。

2 当过河管道整体或分段浮运所承受浮力不足以使管漂浮时,宜在管两旁系结刚性浮筒、柔性囊等。

14.2.10 沉管应符合下列规定:

1 钢管吊装前应正确选择吊点,并进行吊装应力与变形验算。吊环宜焊在钢制抱箍上,再用紧固件固定在管段的吊点位置上。

2 测量定位准确,并在下沉中经常校测。

3 下沉时,应在上游设拉结绳以克服水流的干扰,沉入速度不得过快。管道充水时同时排气。

4 沉管两端起重设备在吊装过程应保持管道水平,并同步将管道沉放于槽底就位,待管道稳固后,再撤走起重设备。

14.2.11 管道验收合格后应及时回填沟槽。回填时应投抛砂砾石将管道拐弯处固定后,再均匀回填沟槽。水下部位的沟槽管顶以上的覆土厚度,应大于河床的冲刷深度。

14.3 架空管道安装

14.3.1 架空管道管道支架施工应符合下列规定:

1 当采用砌体墩、柱作支架时,施工应符合《砌体结构施工技术规程》Q/BMG 104的有关规定。

2 当采用混凝土或预制混凝土构件作支架时施工应符合《混凝土结构施工技术规程》Q/BMG 103 的有关规定。

14.3.2 砌体支架、混凝土支架(预制或现浇),其强度必须达到设计强度。方可进行架空管道安装。施工中,支架不得用做地锚、"后背"等临时受力结构。

14.3.3 在高 2.5m 以上的支架上铺设管道、安装阀门等件时应设操作平台。在架空管道跨越水体段宜设检修便桥、工作平台。检修便桥宽度不应小于 0.6m,平台与便桥周围应设防护栏杆。

14.3.4 架空管道与地下铺设管道连接处,地下构筑物应高出地面 0.3m 以上,管道穿入构筑物的孔洞应采取防止雨水进入的措施,地面不得有积水。

14.3.5 在架空管道段内安装的露天电动阀门,其驱动装置和电气部分的防护等级应符合设计要求。并应设置防护设施防止无关人员操作。

14.3.6 六级(含)以上大风、大雾、大雨和大雪天应暂停高空作业。

15 冬雨期施工

15.1 冬 期 施 工

15.1.1 当环境平均温度连续稳定低于+5℃，或环境温度达到-3℃时，即进入冬期施工。现场应采取冬期施工措施。

15.1.2 冬期各种管道施工应根据管道功能、管材、环境条件等编制完整的冬期施工方案或措施。

15.1.3 冬期施工现场应采取防风、防冻、防滑、防火等措施，并应设专人负责。

15.1.4 施工现场暴露的和冻土深度范围内的既有输水管道应采取防冻措施。

15.1.5 对露出地面的井点管、水泵进出水管应采取防冻措施。水泵中断抽水时，应打开各部位放水阀，放净水泵和水管中的积水。

15.1.6 冬期施工所用棚罩、排水棚罩等采取的保暖、防寒措施应符合消防要求。

15.1.7 冬期不宜进行水压试验或冲洗等作业，必须进行时应采取下列防冻措施：

1 管身应填土至管顶以上约500mm。

2 暴露的接口、管段及试压的临时管线应采取保温措施。

3 试压合格后，应立即将水放空。

4 管径较小、气温较低，采取以上措施仍不能保证不结冻时，水中宜加食盐防冻，盐水浓度应依据环境温度控制。

15.1.8 冬期施工现场测温应符合下列规定：

1 现场应设专人按规定时间、地点测温，宜采用自动测温技术，随时掌握各测点的温度状况，并填写真实记录。

2 现场人工测温时，测温环境、通道应符合安全要求。

3 现场应每天量测大气温度（包括最高、最低气温）不少于4次。

4 混凝土施工时，对水、水泥、砂、石、外加剂溶液和混凝土出罐、浇筑、入模温度的量测，每一工作班不得少于4次。其他测温尚应符合《混凝土结构施工技术规程》Q/BMG 103的有关规定。

15.1.9 管道接口施工应符合下列规定：

1 冬期不得使用冻硬的橡胶圈。

2 冬期进行石棉水泥接口时，应采用热水拌合接口材料，水温不得超过50℃。管口表面温度低于-3℃时，不宜进行石棉水泥接口施工。

3 水泥砂浆接口应及时保温养护，保温材料覆盖厚度应根据气温确定。

4 冬期钢管焊接施工应符合下列要求：

（1）冬期管道焊接应选择在日平均温度较高的时段进行，避开最低时段，并根据钢管材质特征对焊接部位进行预热。接口闭合应选在中午温度高的时段，焊条从存放地点运至施工现场时应采取保温措施。

(2) 气焊时，不得撬砸冻结的气瓶阀门，应使用40℃以下温水解冻。

(3) 5级（含）风以上天气不得露天进行焊接施工。

(4) 冬期进行焊接施工，作业点应设置围挡或使用防风棚罩等设施，且安装应牢固。

15.2 雨 期 施 工

15.2.1 雨期施工应掌握气象情况，制定雨期施工措施。

15.2.2 雨天不宜进行管道接口施工。如需要施工时应采取防雨措施，确保管口干燥及接口材料不被雨淋。

15.2.3 雨期施工应合理缩短开槽长度，采取快速施工，及时安装管道和砌筑检查井。严防雨水泡槽，采取措施防止漂管，封堵管口与管道预留口防止泥水浸入管道。对已铺设的管道应按要求及时进行相关部位还土。

15.2.4 雨期不宜施工与河道连通或穿越河道的管道。在施工中应在保证河道过洪能力下，做好防洪围堰，与河道相连通的管口应临时封堵。

15.2.5 进入汛期前，应制定汛期排水方案，采取有效措施确保施工范围内的道路、管线、民房、工厂、仓库等的安全。并应做好下列工作：

1 当原有雨水管道，特别是旧砖沟与沟槽平行而且距离较近或横跨沟槽时，应与管理部门联系，并采取必要的加固防护措施。

2 汛期利用城市现有排水管道、明渠排除雨水时，应与主管单位联系，制定具体使用方案，且应有临时应急措施。

3 施工过程中对重点保护的部位和地区，应事先采取围堤或截流措施，并根据估算可能遇到暴雨影响的程度，及时调配足够数量的排水设备，以备紧急排水使用。

4 雨期施工采用排水井排水时，应适当缩短排水井的间距，并在槽底基础以外增设临时排水井。

5 沟槽及井点四周应围设防水堤。

6 汛期前应对排水设备进行试运行，机务人员到岗，排水机房四周防水堤、机房顶部不得漏水。

15.2.6 雨期井室结构施工尚应符合下列规定：

1 已做好的雨水口应暂时封闭，防止井室进水。

2 砌体、混凝土结构完成，宜采取覆盖等措施防止雨水冲刷与浸泡砌体、砂浆、灰缝、勾缝和抹面或混凝土表面。

3 雨期砌体、混凝土施工尚应符合《砌体结构施工技术规程》Q/BMG 104、《混凝土结构施工技术规程》Q/BMG 103 的有关规定。

16 管道功能性试验

16.1 一般规定

16.1.1 管道安装完成后应进行管道功能性试验：

1 压力管道应按本规程第16.2节的规定进行压力管道水压试验，试验分为预试验和主试验阶段；试验合格的判定依据分为允许压力降值和允许渗水量值，按设计要求确定；设计无要求时，应根据工程实际情况，选用其中一项值或同时采用两项值作为试验合格的最终判定依据。

2 无压管道应按本规程第16.3、16.4节的规定进行管道的严密性试验，严密性试验分为闭水试验和闭气试验，按设计要求确定；设计无要求时，应根据实际情况选择闭水试验或闭气试验进行管道功能性试验；压力管道水压试验进行实际渗水量测定时，宜采用注水法（见附录F）进行。

3 供热管道工程应按设计要求分别进行强度（水压）试验和严密性（允许渗水量）试验。

4 燃气管道安装完毕后应先进行管道吹扫，合格后再做强度（水压）试验和严密性（允许渗水量）试验。

16.1.2 管道功能性试验涉及水压、气压作业时，应有安全防护措施，作业人员应按相关安全作业规程进行操作。管道水压试验和冲洗、消毒排出的水，应及时排放至规定地点，不得影响周围环境和造成积水，并应采取措施确保人员、交通通行和附近设施的安全。

16.1.3 进行管道功能性试验前，应做好水源的引接、排水的疏导等方案。

16.1.4 向管道注水应从下游缓慢注入，注水时在试验管段上游的管顶及管段中的高点应设置排气阀，将管道内的气体排除。

16.1.5 冬期进行管道功能性试验时，环境温度不宜低于5℃；当环境温度低于5℃时，应有防冻措施。

16.1.6 给水排水工程的大口径球墨铸铁管、玻璃钢管、预应力钢筒混凝土管或预应力混凝土管等管道，单口水压试验合格后，且设计无要求时：

1 压力管道可免去预试验阶段，而直接进行主试验阶段。

2 无压管道应认同严密性试验合格，无需进行闭水或闭气试验。

16.1.7 全断面整体现浇的排水钢筋混凝土无压管渠处于地下水位以下时，除设计有要求外，当管渠的混凝土强度等级、抗渗性能检验合格，管道严密性试验应执行混凝土结构无压管道渗水量测与评定方法。

16.1.8 当管道采用两种（或两种以上）管材时，宜按不同管材分别进行试验；当不具备分别试验的条件必须组合试验，且设计无具体要求时，应采用不同管材的管段中试验控制最严的标准进行试验。

16.1.9 管道的试验长度除本规范规定和设计另有要求外,应符合下列规定:
1 压力管道水压试验的管段长度不宜大于1.0km。
2 无压力管道的闭水试验,若条件允许可一次试验不超过5个连续井段。
3 供热管道试验长度宜为一个完整的施工段。
4 燃气管道的试验段长度应符合第16.7.4条的规定。
5 对于无法分段试验的管道,应由工程有关方面根据工程具体情况确定。

16.2 压力管道水压试验

16.2.1 水压试验前,施工单位应编制的试验方案,其内容应包括:
1 后背及堵板的设计。
2 进水管路、排气孔及排水孔的设计。
3 加压设备、压力计的选择及安装的设计。
4 排水疏导措施。
5 升压分级的划分及观测制度的规定。
6 试验管段的稳定措施和安全措施。

16.2.2 试验管段的后背应符合下列规定:
1 后背应设在原状土或人工后背上,土质松软时应采取加固措施。
2 后背墙面应平整并与管道轴线垂直。

16.2.3 采用钢管、化学建材管的压力管道,当管道中最后一个焊接口完毕一个小时以上方可进行水压试验。

16.2.4 水压试验时,当管内径大于或等于600mm时,试验管段端部的第一个接口应采用柔性接口,或采用特制的柔性接口堵板。

16.2.5 水压试验时采用的设备、仪表规格及其安装应符合下列规定:
1 采用弹簧压力计时,精度不低于1.5级,最大量程宜为试验压力的1.3~1.5倍,表壳的公称直径不宜小于150mm,使用前经校正并具有符合规定的检定证书。
2 水泵、压力计应安装在试验段的两端部与管道轴线相垂直的支管上。

16.2.6 开槽施工管道试验前附属设备安装应符合下列规定:
1 非隐蔽管道的固定设施已按设计要求安装合格。
2 管道附属设备已按要求紧固、锚固合格。
3 管件的支墩、锚固设施混凝土强度已达到设计强度。
4 未设置支墩、锚固设施的管件,应采取加固措施并检查合格。

16.2.7 水压试验前管道回填土应符合下列规定:
1 管道安装检查合格后,应按规范《管道工程施工工艺规程》Q/BMG 203中第8章规定回填土。
2 管道顶部回填土宜留出接口位置以便检查渗漏处。

16.2.8 水压试验前准备工作应符合下列规定:
1 试验管段所有敞口应封闭,不得有渗漏水现象。
2 试验管段不得用闸阀做堵板,不得含有消火栓、水锤消除器、安全阀等附件。

3 水压试验前应清除管道内的杂物。

16.2.9 试验管段注满水后，宜在不大于工作压力条件下充分浸泡后再进行水压试验，浸泡时间应符合表16.2.9的规定。

表16.2.9 压力管道水压试验前浸泡时间

管材种类	管径 D_i（mm）	浸泡时间（h）
球墨铸铁管（有水泥砂浆衬里）	D_i	≥24
钢管（有水泥砂浆衬里）	D_i	≥24
化学建材管	D_i	≥24
现浇钢筋混凝土管渠	$D_i \leq 1000$	≥48
	$D_i > 1000$	≥72
预（自）应力混凝土管、预应力钢筒混凝土管	$D_i \leq 1000$	≥48
	$D_i > 1000$	≥72

16.2.10 水压试验应符合下列规定：
1 试验压力应按表16.2.10-1选择确定。

表16.2.10-1 压力管道水压试验的试验压力（MPa）

管材种类	工作压力 P	试验压力
钢管	P	$P+0.5$，且不小于0.9
球墨铸铁管	≤0.5	$2P$
	>0.5	$P+0.5$
预（自）应力混凝土管、预应力钢筒混凝土管	≤0.6	$1.5P$
	>0.6	$P+0.3$
现浇钢筋混凝土管渠	≥0.1	$1.5P$
化学建材管	≥0.1	$1.5P$，且不小于0.8

2 预试验阶段：将管道内水压缓缓地升至试验压力并稳压30min，期间如有压力下降可注水补压，但不得高于试验压力；检查管道接口、配件等处有无漏水、损坏现象。如有漏水、损坏现象应及时停止试压，查明原因并采取相应措施后重新试压。

3 主试验阶段：停止注水补压，稳定15min；当15min后压力下降不超表16.2.10-2中所列允许压力降数值时，将试验压力降至工作压力并保持恒压30min，进行外观检查若无漏水现象，则水压试验合格。

表16.2.10-2 压力管道水压试验的允许压力降（MPa）

管材种类	试验压力	允许压力降
钢管	$P+0.5$，且不小于0.9	0
球墨铸铁管	$2P$	0.03
	$P+0.5$	
预（自）应力钢筋混凝土管、预应力钢筒混凝土管	$1.5P$	
	$P+0.3$	
现浇钢筋混凝土管渠	$1.5P$	
化学建材管	$1.5P$，且不小于0.8	0.02

4 管道升压时管道的气体应排除,升压过程中当发现弹簧压力计表针摆动、不稳,且升压较慢时,应重新排气后再升压。

5 应分级升压,每升一级应检查后背、支墩、管身及接口,当无异常现象时再继续升压。

6 水压试验过程中,后背顶撑、管道两端严禁站人。

7 水压试验时,严禁修补缺陷;遇有缺陷时,应做出标记,卸压后修补。

16.2.11 压力管道在预试验结束,采用允许渗水量进行最终合格判定依据时,实测渗水量应小于或等于表 16.2.11 的规定及下列公式规定的允许渗水量:

表 16.2.11 压力管道水压试验的允许渗水量

管道内径 D_i (mm)	允许渗水量 [L/(min·km)]		
	焊接接口钢管	球墨铸铁管、玻璃钢管	预(自)应力混凝土管、预应力钢筒混凝土管
100	0.28	0.70	1.40
150	0.42	1.05	1.72
200	0.56	1.40	1.98
300	0.85	1.70	2.42
400	1.00	1.95	2.80
600	1.20	2.40	3.14
800	1.35	2.70	3.96
900	1.45	2.90	4.20
1000	1.50	3.00	4.42
1200	1.65	3.30	4.70
1400	1.75	—	5.00

1 当管道内径大于表 16.2.11 规定时,实测渗水量应小于或等于按下列公式计算的允许渗水量:

钢管:
$$q = 0.05\sqrt{D_i} \quad (16.2.11-1)$$

球墨铸铁管(玻璃钢管):
$$q = 0.1\sqrt{D_i} \quad (16.2.11-2)$$

预(自)应力混凝土管、预应力钢筒混凝土管:
$$q = 0.14\sqrt{D_i} \quad (16.2.11-3)$$

2 现浇钢筋混凝土管渠实测渗水量应小于或等于按下式计算的允许渗水量:
$$q = 0.014 D_i \quad (16.2.11-4)$$

3 硬聚氯乙烯管实测渗水量应小于或等于按下式计算的允许渗水量:
$$q = 3 \times \frac{D_i}{25} \times \frac{P}{0.3\alpha} \times \frac{1}{1440} \quad (16.2.11-5)$$

式中 q——允许渗水量,L/(min·km);

D_i——管道内径,mm;

P——压力管道的工作压力,MPa;

α——温度-压力折减系数;当试验水温 0~25℃时,α 取 1;25~35℃时,α 取 0.8;35~45℃时,α 取 0.63。

16.2.12 聚乙烯管、聚丙烯管及其复合管的水压试验除应符合本规范第16.2.10条的规定外，其预试验、主试验阶段应按下列规定执行：

1 预试验阶段

按本规范第9.2.10条第2款的规定完成后，应停止注水补压并稳定30min；当30min后压力下降不超过试验压力的70%，则预试验结束；否则重新注水补压并稳定30min再进行观测，直至30min后压力下降不超过试验压力的70%。

2 主试验阶段

（1）在预试验阶段结束后，迅速将管道泄水降压，降压量为试验压力的10%～15%；期间应准确计量降压所泄出的水量（ΔV），并按下试计算允许泄出的最大水量 ΔV_{max}：

$$\Delta V_{max} = 1.2 V \Delta P \left\{ \frac{1}{E_w} + \frac{D_i}{e_n E_p} \right\} \quad (16.2.12)$$

式中 V——试压管段总容积，L；

ΔP——降压量，MPa；

E_w——水的体积模量，不同水温时 E_w 值可按表16.2.12采用；

E_p——管材弹性模量，MPa，与水温及试压时间有关；

D_i——管材内径，m；

e_n——管材公称壁厚，m。

ΔV 小于或等于 ΔV_{max} 时，则按本款的第（2）、（3）、（4）项进行作业；ΔV 大于 ΔV_{max} 时应停止试压，排除管内过量空气再从预试验阶段开始重新试验。

表 16.2.12 温度与体积模量关系

温度（℃）	体积模量（MPa）	温度（℃）	体积模量（MPa）
5	2080	20	2170
10	2110	25	2210
15	2140	30	2230

（2）每隔3min记录一次管道剩余压力，应记录30min；当30min内管道剩余压力有上升趋势时，则水压试验结果合格。

（3）30min内管道剩余压力无上升趋势时，则应持续观察60min；当整个90min内压力下降不超过0.02MPa，则水压试验结果合格。

（4）当主试验阶段上述两条均不能满足时，则水压试验结果不合格，应查明原因并采取相应措施后再重新组织试压。

16.2.13 大口径球墨铸铁管、玻璃钢管及预应力钢筒混凝土管道的接口单口水压试验应符合下列规定：

1 安装时应注意将单口水压试验用的进水口（管材出厂时已加工）置于管道顶部。

2 管道接口连接完毕后进行单口水压试验，试验压力为管道设计压力的2倍，且不得小于0.2MPa。

3 试压采用手提式打压泵，管道连接后将试压嘴固定在管道承口的试压孔上，连接试压泵，将压力升至试验压力，恒压2min，无压力降为合格。

4 试压合格后，取下试压嘴，在试压孔上拧上M10×20mm不锈钢螺栓并拧紧。

5 水压试验时应先排净水压腔内的空气。
6 若单口试压不合格且确定是接口漏水，则应马上拔出管节，找出原因，重新安装，直至符合要求为止。

16.3 无压管道的闭水试验

16.3.1 闭水试验法应按设计要求和试验方案进行。
16.3.2 试验管段应按井距分隔，抽样选取，带井试验。
16.3.3 无压管道闭水试验时，试验管段应符合下列规定：
1 管道及检查井外观质量已验收合格。
2 管道未回填土且沟槽内无积水。
3 全部预留孔应封堵，不得渗水。
4 管道两端堵板承载力经核算应大于水压力的合力；除预留进出水管外，应封堵坚固，不得渗水。
5 顶管施工、注浆孔封堵且管口按设计要求处理完毕，地下水位于管底以下。

16.3.4 管道闭水试验应符合下列规定：
1 试验段上游设计水头不超过管顶内壁时，试验水头应以试验段上游管顶内壁加2m计。
2 试验段上游设计水头超过管顶内壁时，试验水头应以试验段上游设计水头加2m计。
3 计算出的试验水头小于10m，但已超过上游检查井井口时，试验水头应以上游检查井井口高度为准。
4 管道闭水试验应按闭水法（见附录E）进行。

16.3.5 管道闭水试验时，应进行外观检查，不得有漏水现象，且符合下列规定时，管道闭水试验为合格：
1 实测渗水量小于或等于表16.3.5规定的允许渗水量。
2 管道内径大于表16.3.5规定时，实测渗水量应小于或等于按下式计算的允许渗水量。

$$q = 1.25 \sqrt{D_i} \quad (16.3.5\text{-}1)$$

3 异形截面管道的允许渗水量可按周长折算为圆形管道计。
4 化学建材管道的实测渗水量应小于或等于按下式计算的允许渗水量。

$$q = 0.0046 D_i \quad (16.3.5\text{-}2)$$

式中 q——允许渗水量，$m^3/(24h \cdot km)$；
D_i——管道内径，mm。

表16.3.5 无压力管道闭水试验允许渗水量

管 材	管径 D_i（mm）	允许渗水量 [$m^3/(24h \cdot km)$]
钢筋混凝土管	200	17.60
	300	21.62
	400	25.00
	500	27.95

续表

管　材	管径 D_i（mm）	允许渗水量 [m³/(24h·km)]
钢筋混凝土管	600	30.60
	700	33.00
	800	35.35
	900	37.50
	1000	39.52
	1100	41.45
	1200	43.30
	1300	45.00
	1400	46.70
	1500	48.40
	1600	50.00
	1700	51.50
	1800	53.00
	1900	54.48
	2000	55.90

16.3.6 当管道内径大于700mm时，可按管道井段数量抽样选取1/3进行试验；试验不合格时，抽样井段数量应在原抽样基础上加倍进行试验。

16.3.7 不开槽施工的内径大于或等于1500mm钢筋混凝土结构管道，设计无要求且地下水位高于管道顶部时，可采用内渗法测渗水量；渗漏水量测方法按附录F的规定进行，符合下列规定时，则管道抗渗能力满足要求，不必再进行闭水试验：
　　1　管壁不得有线流、滴漏现象。
　　2　对有水珠、渗水部位应进行抗渗处理。
　　3　管道内渗水量允许值：$q \leqslant 2[L/(m^2 \cdot d)]$。

16.4　无压管道的闭气试验

16.4.1 闭气试验适用于混凝土类的无压管道在回填土前进行的严密性试验。

16.4.2 闭气试验时，地下水位应低于管外底150mm，环境温度为 -15~50℃。

16.4.3 下雨时不得进行闭气试验。

16.4.4 闭气试验合格标准
　　1　规定标准闭气试验时间符合表16.4.4的规定，管内实测气体压力 $P \geqslant 1500$Pa 则管道闭气试验合格。

表16.4.4 钢筋混凝土无压管道闭气检验规定标准闭气时间

管道DN(mm)	管内气体压力（Pa）		规定标准闭气时间（′″）
	起点压力	终点压力	
300	2000	≥1500	1′45″
400			2′30″
500			3′15″
600			4′45″
700			6′15″
800			7′15″
900			8′30″
1000			10′30″
1100			12′15″
1200			15′
1300			16′45″
1400			19′
1500			20′45″
1600			22′30″
1700			24′
1800			25′45″
1900			28′
2000			30′
2100			32′30″
2200			35′

2 当被检测管道内径大于或等于1600mm时，应记录测试时管内气体温度（℃）的起始值 T_1 及终止值 T_2，并将达到标准闭气时间时膜盒表显示的管内压力值 P 记录，用下列公式加以修正，修正后管内气体压降值为 ΔP：

$$\Delta P = 103300 - (P + 101300)(273 + T_1)/(273 + T_2) \tag{16.4.4}$$

ΔP 如果小于500Pa，管道闭气试验合格。

3 管道闭气试验不合格时，应进行漏气检查、修补后复检。

16.5 给水管道冲洗与消毒

16.5.1 基本要求

1 给水管道严禁取用污染水源进行水压试验、冲洗，施工管段处于污染水水域较近时，须严格控制污染水进入管道；如不慎污染管道，应由水质检测部门对管道污染水进行化验，并按其要求在管道并网运行前进行冲洗消毒。

2 管道冲洗与消毒应编制实施方案。

3 施工单位应在有关单位、管理单位的配合下进行冲洗与消毒。

4 冲洗时应避开用水高峰，冲洗流速不小于1.0m/s，连续冲洗。

16.5.2 给水管道冲洗消毒准备工作应符合下列规定：
1 用于冲洗管道的清洁水源已经确定。
2 消毒方法和用品已经确定，并准备就绪。
3 排水管道已安装完毕，并保证畅通、安全。
4 冲洗管段末端已设置方便、安全的取样口。
5 照明和维护等措施已经落实。

16.5.3 管道冲洗与消毒应符合下列规定：
1 管道第一次冲洗
用清洁水冲洗至出水口水样浊度小于3NTU为止，冲洗流速应大于1.0m/s。
2 管道第二次冲洗
第一次冲洗后，用有效氯离子含量不低于20mg/L的清洁水浸泡24h后，再用清洁水进行第二次冲洗直至水质检测、管理部门取样化验合格为止。

16.6 供热管道功能性试验与清洗、试运行

16.6.1 一级管网及二级管网强度（水压）试验压力应为1.5倍设计压力。严密性（允许渗水量）试验压力应为1.25倍设计压力，且不得低于0.6MPa。

16.6.2 强度（水压）试验应在试验段内的管道接口防腐、保温施工及设备安装前进行；严密性试验应在试验范围内的管道全部安装完成后进行。

16.6.3 应采用洁净的水为介质做强度（水压）、严密性（允许渗水量）试验。并符合下列规定：
1 管道强度试验应符合下列要求：
（1）当运行管道与试压管道之间的温度差大于100℃时，应采取相应措施，确保运行管道和试压管道的安全。
（2）对高差较大的管道，应将水的静压计入试验压力中。热水管道的试验压力应为最高点的压力，但最低点的压力不得超过管道及设备的承受压力。
（3）试验用的压力表应按规定校验，精度不宜低于1.5级。表的满量程应达到试验压力的1.5~2倍，数量不得少于2块，安装在试验泵出口和试验系统末端。
（4）试验前应划定工作区，并设标志，无关人员不得进入。
（5）当试验过程中发现渗漏时，严禁带压处理。消除缺陷后，应重新进行试验。
（6）试验结束后，应及时排除管道内存水，再拆除试验用临时加固装置，排水时应防止形成负压，且不得随地排放。
2 管道严密性（允许渗水量）试验，除遵守强度试验有关要求外，尚应符合下列要求：
（1）管道严密性（允许渗水量）试验方案应经有关单位审查同意；试验前应对有关操作人员进行技术、安全交底。
（2）试验范围内的管道安装质量应符合设计要求及本规程的有关规定，且有关材料、设备资料齐全。
（3）管道各种支架已安装调整完毕，固定支架的混凝土已达到设计强度，回填土及填

充物已满足设计要求。

（4）管道自由端的临时加固装置已安装完成，经设计核算与检查确认安全可靠。试验管道与无关系统应采用盲板或采取其他措施隔开，不得影响其他系统的安全。

（5）试验中不得对带压力的管道进行补焊；压力≥0.4MPa时不得拧紧法兰盘螺栓。

16.6.4 热管网的清洗应在试运行前进行。清洗前，应编制清洗方案。方案中应包括指挥系统、人员配置、清洗方法、技术要求、操作及安全措施等内容。

16.6.5 清洗前应将减压器、疏水器、流量计和流量孔板（或喷嘴）、滤网、调节阀芯、止回阀芯及温度计的插入管以及不与管道同时清洗的设备、仪表管等拆除（或隔离），待清洗结束后重装。

16.6.6 输送热水的管网水力冲洗应符合下列规定：

1 支架的强度应能承受清洗时的冲击力，不能达到要求时应进行临时加固。

2 清洗使用的其他装置应安装完成，并检查合格。

3 水力冲洗进水管的截面积不得小于被冲洗管截面积的50%，排水管截面积不得小于进水管截面积。设备等应有单独的排水口，在清洗过程中管道中的脏物不得进入设备。

4 冲洗应按主干线、支干线、支线分别进行。冲洗前应充满水并浸泡管道，水流方向应与设计的介质流向一致。

5 未冲洗管道应与已完成冲洗管道隔断，未冲洗管道中的脏物，不得进入已冲洗合格的管道中。

6 冲洗应连续进行并宜加大管道内的流量，管内的平均流速不得低于1m/s，排水时，不得形成负压。冲洗时排放的污水不得污染环境。

7 当冲洗水量不能满足要求时，宜采用人工清洗或密闭循环的水力冲洗方式。当循环冲洗的水质不符合要求时，应更换循环水继续进行冲洗。

8 水力冲洗应以排水水样中固形物的含量接近或等于冲洗用水中固形物的含量为合格。清洗合格后，应及时拆除排污管、除污器等装置，保证管道内清洁。

16.6.7 输送蒸汽的管道应采用蒸汽进行吹洗，并应符合下列规定：

1 吹洗前应缓慢升温进行暖管。暖管速度不宜过快并应及时疏水。应检查管道热伸长、补偿器、管路附件及设备等工作情况，恒温1h后进行吹洗。

2 吹洗时必须划定安全区，设置标志，确保人员及设施的安全，其他无关人员严禁进入。

3 吹洗用蒸汽的压力和流量应按设计计算确定。吹洗压力不得大于管道工作压力的75%。

4 吹洗次数应为2~3次，每次的间隔时间宜为20~30min。

5 蒸汽吹洗应以出口蒸汽为纯净气体为合格。

16.6.8 清洗合格的管道，不得再进行影响管道内部清洁的作业。

16.6.9 供热管网清洗合格后，应按规定填写清洗检验记录。

16.6.10 热力管道试运行时应符合下列规定：

1 试运行应在有关单位工程验收合格，热源已具备供热条件后进行。供热管线工程宜与热力站工程联合进行试运行。

2 试运行前，应编制试运行方案。试运行方案应由有关单位进行审查同意并进行交底。

3 参加试运行的人员应经过培训,且参加过技术安全交底。

4 供热管线的试运行应有完善、灵敏、可靠的通讯系统及其他安全保障措施。

5 供热工程应在有关单位认可的各项工艺参数下试运行,试运行的时间应为连续运行72h。

6 试运行应缓慢地升温,升温速度不得大于10℃/h。在低温试运行期间,应对管道、设备进行全面检查,支架的工作状况应做重点检查。在低温试运行正常以后,可再缓慢升温到试运行参数下运行。

7 试运行开始后,应每隔1h对补偿器及其他设备和管路附件等进行检查,并应做好记录。

8 在试运行期间管道法兰、阀门、补偿器及仪表等处的螺栓应进行热拧紧。热拧紧时的运行压力应为0.3MPa以下,温度宜达到设计温度,螺栓应对称、均匀适度紧固。在热拧紧部位应采取保护操作人员安全的可靠措施。

9 试运行期间发现属于必须当即解决的问题,应停止试运行,进行处理。试运行的时间,应从正常试运行状态的时间起计72h。

16.7 燃气管道吹扫与功能性(允许渗水量)试验

16.7.1 管道吹扫应符合下列规定:

1 吹扫范围内的管道除补口、涂漆外,应按设计图纸全部完成,并经外观检验合格。

2 吹扫管道应与无关系统采取隔离措施,与已运行的燃气系统之间必须加装盲板且有明显标志。

3 吹扫管段内的调压器、阀门、孔板、过滤网、燃气表等设备不得参与吹扫,吹扫前应采取拆除或其他保护措施,待吹扫合格后再安装复位。

4 管道宜分段吹扫,吹扫管段的长度不宜超过500m。吹扫介质宜采用压缩空气,严禁采用氧气和可燃性气体。吹扫压力不得大于管道的设计压力,且不得大于0.3MPa。管道内吹扫气体流速不宜小于20m/s。

5 公称直径大于或等于100mm的钢质管道,宜采用清管球进行清扫。球墨铸铁、聚乙烯、钢骨架聚乙烯复合管道和公称直径小于100mm或长度小于100m的钢质管道,可采用气体吹扫。

6 管道吹扫时设置的进气口、出气口应布设合理,出气口前方100m范围内不得有建(构)筑物。吹扫口与地面的夹角应在30°~45°之间;吹扫口管段与被吹扫管段必须采取平缓过渡对焊,吹扫口直径应符合表16.7.1的规定。

表 16.7.1 吹扫口直径 (mm)

末端管道公称直径 DN	$DN<150$	$150 \leqslant DN \leqslant 300$	$DN \geqslant 350$
吹扫口公称直径	与管道同径	150	250

7 对聚乙烯管道或钢骨架聚乙烯复合管道吹扫时,进气口应采取油水分离及冷却等措施,确保管道进气口气体干燥,且其温度不得高于40℃;排气口应采取防静电措施。

8 当吹扫至目测排气无烟尘,且在排气口设置的白布或涂白漆木靶检验时,5min 内靶上无铁锈、尘土等其他杂物为合格。

9 管道吹扫合格,设备复位后,不得再进行影响管内清洁的其他作业。

16.7.2 采用清管球清扫除符合本规程第 16.6.1 条有关规定外,尚应遵守下列要求:

1 不同管径的管道应断开分别进行清扫。

2 清管球直径、结构应经计算确定。注水清管球应经专业加工厂制作。

3 清管球清扫完成后,如不能符合质量要求,应采用气体再清至合格。

16.7.3 管道吹扫合格后方可进行强度试验。强度试验前应对管道进行回填土(固定焊口、管件部位除外)至管顶以上 500mm。

16.7.4 管道强度试验应符合下列规定:

1 管道应分段进行压力试验,试验管道分段最大长度宜按表 16.7.4-1 执行。

表 16.7.4-1 管道试压分段最大长度

设计压力 PN(MPa)	试验管段最大长度(m)
$PN \leqslant 0.4$	1000
$0.4 < PN \leqslant 1.6$	5000
$1.6 < PN \leqslant 4.0$	10000

2 管道试验用压力计及温度记录仪表应在检验有效期内,处于完好状态,试验中每种仪表均不得少于两块,并应分别安装在试验管道的两端。

3 试验用的压力计量程应为试验压力的 1.5~2 倍,其精度等级、最小分格值及表盘直径应满足表 16.7.4-2 的要求。

表 16.7.4-2 试压用压力表选择要求

量程(MPa)	精度等级	最小表盘直径(mm)	最小分格值(MPa)
0~0.1	0.4	150	0.0005
0~1.0	0.4	150	0.005
0~1.6	0.4	150	0.01
0~2.5	0.25	200	0.01
0~4.0	0.25	200	0.01
0~6.0	0.16	250	0.01
0~10	0.16	250	0.02

4 强度试验压力应符合表 16.7.4-3 的规定。

表 16.7.4-3 强度试验压力与介质

管道类型	设计压力 PN(MPa)	试验介质	试验压力(MPa)
钢管	$PN > 0.8$	清洁水	$1.5PN$
	$PN \leqslant 0.8$	压缩空气	$1.5PN$ 且≮0.4
球墨铸铁管	PN		$1.5PN$ 且≮0.4
钢骨架聚乙烯复合管	PN		$1.5PN$ 且≮0.4
聚乙烯管	PN(SDR11)		$1.5PN$ 且≮0.4
	PN(SDR17.6)		$1.5PN$ 且≮0.2

5 强度试验为水压试验时,应符合现行《液体石油管道压力试验》GB/T 16805 的有关规定。试验管段任何位置的管道环向应力不得大于管材标准屈服强度的 90%。架空管道采用水压试验前,应核算管道及其支撑结构的强度,必要时应临时加固。试压宜在环境温度 5℃以上进行,否则应采取防冻措施。

6 试验时压力应逐步缓升,首先升至试验压力的 50% 进行初检,如无泄漏、异常继续升至试验压力,然后宜稳压 1h 后,观察压力计不得少于 30min,无压力降为合格,并形成有关单位签认的验收报告。

7 水压试验合格后,应及时将管道中的水放(抽)净,并按本规程 16.7.1 条的要求进行吹扫。

8 经分段试压合格的管段相互连接的焊缝,经射线照相检验合格后,可不再进行强度试验。

16.7.5 严密性(允许渗水量)试验应符合下列规定:

1 严密性(允许渗水量)试验应在强度试验合格、管线全线回填后进行。

2 试验用的压力计应符合本规程第 11.6.5 条 3 款要求。

3 严密性(允许渗水量)试验介质宜采用空气,试验压力应满足下列要求:

(1) 设计压力小于 5kPa 时,试验压力应为 20kPa。

(2) 设计压力大于或等于 5kPa 时,试验压力应为设计压力的 1.15 倍,且不得小于 0.1MPa。

4 试压时的升压速度不宜过快。对设计压力大于 0.8MPa 的管道试压,压力缓慢上升至 30% 和 60% 试验压力时,应分别停止升压,稳压 30min,并检查系统有无异常情况,如无异常情况继续升压。管内压力升至严密性试验压力后,待温度、压力稳定后开始记录。

5 严密性试验稳压的持续时间应为 24h,每小时记录不得少于 1 次,当修正压力 133Pa 为合格。修正压力降应按下式确定:

$$\Delta P' = (H_1 + B_2) - (H_2 + B_2)\frac{273 + t_1}{273 + t_2} \qquad (16.7.5)$$

式中 $\Delta P'$ ——修正压力降,Pa;

H_1、H_2——试验开始和结束时的压力计读数,Pa;

B_1、B_2——试验开始和结束时的气压计读数,Pa;

t_1、t_2——试验开始和结束时的管内介质温度,℃。

6 所有未参加严密性试验的设备、仪表、管件,应在严密性试验合格后进行复位,然后按设计压力对系统升压,应采用发泡剂检查设备、仪表、管件及其与管道的连接处,不漏为合格。

7 严密性(允许渗水量)试验合格后应形成有关单位签认的验收报告。

16.7.6 管道进行吹扫、强度试验、严密性(允许渗水量)试验中,发生卡球、漏水、漏气等现象时,均不得当时处理,必须在停机、泄压、断电后方可检查、处理。

附录 A 地下管线的代号和颜色

摘自《城市地下管线探测技术规程》CJJ 61—2003

A.0.1 地下管线的代号和颜色应符合表 A.0.1 的规定。

A.0.1 地下管线的代号和颜色

管线名称		代 号		颜 色
给水		JS		天蓝
排水	污水	PS	WS	褐
	雨水		YS	
	雨污合流		HS	
燃气	煤气	RQ	MQ	粉红
	液化气		YH	
	天然气		TR	
热力	蒸汽	RL	ZQ	橘黄
	热水		RS	
工业	氢	GY	Q	黑
	氧		Y	
	乙炔		YQ	
	石油		SY	
电力	供电	DL	GD	大红
	路灯		LD	
	电车		DC	
	交能信号		XH	
电信	电话	DX	DH	绿
	广播		GB	
	有线电视		DS	
综合管沟		ZH		黑

附录 B 工程管线之间及其与建（构）筑物之间的距离规定

摘自《城市工程管线综合规划规范》GB 50289—98
　　　《城镇燃气设计规范》GB 50028—2006
　　　《城市热力网设计规范》CJJ 34—2002
　　　《室外排水设计规范》GB 50014—2006

B.0.1 工程管线之间及其与建（构）筑物之间最小的水平净距和交叉时最小垂直净距应符合表 B.0.1-1 和表 B.0.1-2 的规定。（摘自《城市工程管线综合规划规范》GB 50289—98）

表 B.0.1-2 工程管线之间及其与建（构）筑物之间交叉时的最小垂直净距（m）

序号	下面的管线名称		1 给水管线	2 污、雨水排水管线	3 热力管线	4 燃气管线	5 电信管线		6 电力管线	
							直埋	管块	直埋	管块
1	给水管线		0.15							
2	污、雨水排水管线		0.40	0.15						
3	热力管线		0.15	0.15	0.15					
4	燃气管线		0.15	0.15	0.15	0.15				
5	电信管线	直埋	0.50	0.50	0.15	0.50	0.25	0.25		
		管块	0.15	0.15	0.15	0.15	0.25	0.25		
6	电力管线	直埋	0.15	0.50	0.50	0.50	0.50	0.50	0.50	0.50
		管块	0.15	0.50	0.50	0.15	0.50	0.50	0.50	0.50
7	沟渠（基础底）		0.50	0.50	0.50	0.50	0.50	0.50	0.50	0.50
8	涵洞（基础底）		0.15	0.15	0.15	0.15	0.20	0.25	0.50	0.50
9	电车（轨底）		1.00	1.00	1.00	1.00	1.00	1.00	1.00	1.00
10	铁路（轨底）		1.00	1.20	1.20	1.20	1.00	1.00	1.00	1.00

注：大于 35kV 直埋电力电缆与热力管线最小垂直净距应为 1.00m。

附录 B　工程管线之间及其与建（构）筑物之间的距离规定

表 B.0.1-1　工程管线之间及其与建（构）筑物之间的最小水平净距（m）

序号	管线名称		1 建筑物	2 给水管 d≤200mm	2 给水管 d>200mm	3 污水、雨水排水管	4 燃气管 低压 P≤0.05MPa	4 中压 B 0.05<P≤0.2MPa	4 中压 A 0.2<P≤0.4MPa	4 高压 B 0.4<P≤0.8MPa	4 高压 A 0.8<P≤1.6MPa	5 热力管 直埋	5 热力管 地沟	6 电力电缆 直埋	6 电力电缆 缆沟	7 电信电缆 直埋	7 电信电缆 管道	8 乔木	9 灌木	10 通信照明及<10kV	10 高压铁塔 ≤35kV	10 高压铁塔 >35kV	11 道路侧石边缘	12 铁路钢轨（或坡脚）
1	建筑物		—	1.0	3.0	2.5	0.7	1.5	2.0	4.0	6.0	2.5	0.5	0.5		1.0	1.5	3.0	1.5		*			6.0
2	给水管	d≤200mm	1.0	—		1.0	0.5	0.5	0.5	1.0	1.5	1.5	1.5	0.5	0.5	1.0	1.0	1.5	1.5	0.5	3.0		1.5	5.0
		d>200mm	3.0		—	1.5																		
3	污水、雨水排水管		2.5	1.0	1.5	—	1.0	1.2	1.2	1.5	2.0	1.5	1.5	0.5	0.5	1.0	1.0	1.5	1.5	0.5	1.5	5.0	1.5	5.0
4	燃气管	P≤0.05MPa	0.7	0.5	0.5	1.0	—	DN≤300mm 0.4				1.0	1.0	0.5	0.5	0.5	1.0	1.2	1.0	1.0	1.0		1.5	5.0
		0.05<P≤0.2MPa	0.5	0.5	0.5	1.2		DN>300mm 0.5				1.5	1.5												
		0.2<P≤0.4MPa	1.0									2.0	2.0												
		0.4<P≤0.8MPa	4.0									4.0	4.0												
		0.8<P≤1.6MPa	6.0																						
5	热力管	直埋	2.5	1.5		1.5	1.0	1.5	2.0	4.0		—		2.0		1.0	1.5	1.5	1.5	1.0	2.0		1.5	
		地沟	0.5										—												
6	电力电缆	直埋	0.5	0.5		0.5	0.5	1.0		1.5		2.0		—		0.5	0.5	1.0	1.0	0.5	0.6	0.6	1.5	3.0
		缆沟																							
7	电信电缆	直埋	1.0	1.0		1.0	0.5		1.0			1.0	1.5	0.5		—		1.5	1.0	0.5	0.5	0.6	1.5	2.0
		管道	1.5				1.0																		
8	乔木（中心）		3.0	1.5		1.5		1.2				1.5		1.0		1.0	1.5	—					0.5	
9	灌木		1.5	1.5		1.5		1.0				1.5		1.0		1.0	1.0		—	1.5			0.5	
10	地上杆柱	通信照明及<10kV	*	0.5		0.5	1.0					1.0		0.5		0.5	0.6		1.5	—			0.5	
		高压铁塔基础边 ≤35kV		3.0		1.5						2.0		0.6		0.6					—			
		>35kV				5.0						3.0		3.0		2.0						—		
11	道路侧石边缘			1.5		1.5	1.5	2.5				1.5		1.5		1.5		0.5	0.5	0.5			—	
12	铁路钢轨（或坡脚）		6.0	5.0		5.0		2.5				1.0		3.0		2.0				0.5				—

注：* 见表 B.0.2-2。

B.0.2 架空管线之间及其与建（构）筑物之间的最小水平净距和交叉时最小垂直净距应符合表 B.0.2-1 和表 B.0.2-2 的规定。（摘自《城市工程管线综合规划规范》GB 50289—98）

表 B.0.2-1 架空管线之间及其与建（构）筑物之间的最小水平净距（m）

名　称		建筑物（凸出部分）	道路（路缘石）	铁路（轨道中心）	热力管线
电力	10kV 边导线	2.0	0.5	杆高加 3.0	2.0
	35kV 边导线	3.0	0.5	杆高加 3.0	4.0
	110kV 边导线	4.0	0.5	杆高加 3.0	4.0
电信杆线		2.0	0.5	4/3 杆高	1.5
热力管线		1.0	1.5	3.0	—

表 B.0.2-2 架空管线之间及其与建（构）筑物之间交叉时的最小垂直净距（m）

名　称		建筑物（顶端）	道路（地面）	铁路（轨顶）	电信线		热力管线
					电力线有防雷装置	电力线无防雷装置	
电力管线	10kV	3.0	7.0	7.5	2.0	4.0	2.0
	35～110kV	4.0	7.0	7.5	3.0	5.0	3.0
电信线		1.5	4.5	7.0	0.6	0.6	1.0
热力管线		0.6	4.5	6.0	1.0	1.0	0.25

注：横跨道路或与无轨电车馈电线平行的架空电线距地面应大于 9m。

B.0.3 地下燃气管道建（构）筑物或相邻管线之间水平净距和交叉时最小垂直净距应符合表 B.0.3-1 和表 B.0.3-2 的规定。（摘自《城镇燃气设计规范》GB 50028—2006）

表 B.0.3-1 地下燃气管道与建（构）筑物或相邻管线之间水平净距（m）

项　目		地下燃气管道				
		低压	中压		高压	
			B	A	B	A
建筑物的	基础	0.7	1.0	1.5		
	外墙面（出地面处）				4.5	6.5
给水管		0.5	0.5	0.5	1.0	1.5
污水、雨水排水管		1.0	1.2	1.2	1.5	2.0
电力电缆（含电车电缆）	直埋	0.5	0.5	0.5	1.0	1.5
	在导管内	1.0	1.0	1.0	1.0	1.5
通俗电缆	直埋	0.5	0.5	0.5	1.0	1.5
	在导管内	1.0	1.0	1.0	1.0	1.5
其他燃气管道	$DN \leq 300$mm	0.4	0.4	0.4	0.4	0.4
	$DN > 300$mm	0.5	0.5	0.5	0.5	0.5
热力管	直埋	1.0	1.0	1.0	1.5	2.0
	在管沟内（至外壁）	1.0	1.5	1.5	2.0	4.0
电杆（塔）的基础	≤35kV	1.0	1.0	1.0	1.0	1.0
	>35kV	2.0	2.0	2.0	5.0	5.0
通讯照明电杆（至电杆中心）		1.0	1.0	1.0	1.0	1.0

续表

项　目	地下燃气管道				
	低压	中压		高压	
		B	A	B	A
铁路路堤坡脚	5.0	5.0	5.0	5.0	5.0
有轨电车钢轨	2.0	2.0	2.0	2.0	2.0
街树（至树中心）	0.75	0.75	0.75	1.20	1.20

表 B.0.3-2　地下燃气管道与建（构）筑物或相邻管线之间最小垂直净距（m）

项　目		地下燃气管道（当有套管时，以套管计）
给水近、排水管或其他燃气管道		0.15
热力管的管沟底（或顶）		0.15
电　缆	直埋	0.50
	在导管内	0.15
铁路轨底		1.20
有轨电车轨底		1.00

注：① 如受地形限制无法满足表 B.0.3-1 和表 B.0.3-2 时，经与有关部门协商，采取行之有效的防护措施后，表 B.0.3-1 和表 B.0.3-2 规定的净距，均可适当缩小，但次高压燃气管道距建筑物外墙面不应小于 3.0m，中压管道距建筑物基础不应小于 0.5m 且距建筑物外墙面不应小于 1.0m，低压管道应不影响建（构）筑物和相邻管道基础的稳固性。且次高压 A 燃气管道距建筑物外墙面 6.5m 时，管道壁厚度不应小于 9.5mm；管壁厚度不小于 11.9mm 或小于 9.5mm 时，距外墙面分别不应小于表 B.0.3-3 中地下燃气管道压力为 1.61MPa 的有关规定。
② 表 B.0.3-1 和表 B.0.3-2 规定除地下燃气管道与热力管的净距不适于聚乙烯燃气管道和钢骨架聚乙烯塑料复合管外，其他规定也均适用于聚乙烯燃气管道和钢骨架聚乙烯塑料复合管道。聚乙烯燃气管道与热力管道的净距应按国家现行标准《聚乙烯燃气管道工程技术规程》CJJ 63 执行。

表 B.0.3-3　三级地区地下燃气管道与建筑物之间的水平净距（m）

燃气管道公称直径和壁厚 δ（mm）	地下燃气管道压力（MPa）		
	1.60	2.50	4.00
A. 所有管径 $\delta < 9.5$	13.5	15.0	17.0
B. 所有管径 $9.5 \leq \delta < 11.9$	6.5	7.5	9.0
C. 所有管径 $\delta \geq 9.5$	3.0	3.0	3.0

注：① 如果对燃气管道采取行之有效的保护措施，$\delta < 9.5$ mm 的燃气管道也可采用表中 B 行的水平净距。
② 水平净距是指管道外壁到建筑物地面处外墙面的距离。建筑物是指供人使用的建筑物。
③ 当燃气管道压力与表中数不相同时，可采用直线议程内插法确定水平净距。
④ 管道材料钢级不低于现行的国家标准 GB/T 9711.1 或 GB/T 9711.2 规定的 L245。

B.0.4　地下液态液化石油气管道与建（构）筑物和相邻管道之间的水平净距和交叉时最小垂直净距应符合表 B.0.4-1 和表 B.0.4-2 的规定。（摘自《城镇燃气设计规范》GB 50028—93）

表 B.0.4-1　地下液态液化石油气管道与建（构）筑物和相邻管道等之间的水平净距（m）

项　目	管　道　级　别		
	Ⅰ级	Ⅱ级	Ⅲ级
特殊建、构筑物（危险品库、军事设施等）	200		
居民区、村镇、重要公共建筑	75	50	30

续表

项目		管道级别		
		Ⅰ级	Ⅱ级	Ⅲ级
一般建、构筑物		25	15	10
给水管		2	2	2
排水管		2	2	2
暖气管、热力管等管沟外壁		2	2	2
埋地电缆	电力	10	10	10
	通讯	2	2	2
其他燃料管道		2	2	2
公路路面	高速、Ⅰ、Ⅱ级	10	10	10
	Ⅲ、Ⅳ级	5	5	5
国家铁路（中心线）	干线	25	25	25
	支线	10	10	10
架空	电力线（中心线）	1倍杆高，且不小于10		
	通讯线（中心线）	2	2	2
树木		2	2	2

注：执行本表有困难时，采取有效的安全措施后，其间距可适当减少。

表 B.0.4-2　地下液态液化石油气管道与建（构）筑物和相邻管道等之间的最小垂直净距（m）

项目	垂直净距
给水管、排水管	0.20
暖气管、热力管（管沟）	0.20
直埋电缆	0.50
铠装电缆	0.20
其他燃料管道	0.20
铁路（轨底）	1.2
公路（路面）	0.80

B.0.5　热力管道与建（构）筑物或其他管线的最小净距应符合表 B.0.5 的规定。（摘自《城市热力网设计规范》CJJ 34—2002）

B.0.5　热力管道与建（构）筑物或其他管线的最小净距

建（构）筑物或管线名称			与热力网管道最小水平净距（m）	与热力网管道最小垂直净距（m）
地下敷设热力管道				
建筑物基础	对于管沟敷设热力网管道		0.5	—
	对于直埋闭式热水热力网管道	DN≤250	2.5	—
		DN≥300	3.0	—
	对于直埋开式热水热力网管道		5.0	—
铁路钢轨			钢轨外侧3.0	轨底1.2
电车钢轨			钢轨外侧2.0	轨底1.0
铁路、公路路基边坡底脚或边沟的边缘			1.0	—

续表

建（构）筑物或管线名称			与热力网管道最小水平净距（m）	与热力网管道最小垂直净距（m）
通信、照明或10kV以下电力线路的电杆			1.0	—
桥墩（高架桥、栈桥）边缘			2.0	—
架空管道支架基础边缘			1.5	—
高压输电线铁塔基础边缘35～220kV			3.0	—
通信电缆管块			1.0	0.15
直埋通讯电缆（光缆）			1.0	0.15
电力电缆和控制电缆	35kV以下		2.0	0.5
	110kV		2.0	1.0
燃气管道	压力＜0.005MPa	对于管沟敷设热力网管道	1.0	0.15
	压力≤0.4MPa	对于管沟敷设热力网管道	1.5	0.15
	压力≤0.8MPa	对于管沟敷设热力网管道	2.0	0.15
	压力＞0.8MPa	对于管沟敷设热力网管道	4.0	0.15
	压力≤0.4MPa	对于直埋敷设热水热力网管道	1.0	0.15
	压力≤0.8MPa	对于直埋敷设热水热力网管道	1.5	0.15
	压力＞0.8MPa	对于直埋敷设热水热力网管道	2.0	0.15
给水管道			1.5	0.15
排水管道			1.5	0.15
地铁			5.0	0.8
电气铁路接触网电杆基础			3.0	—
乔木（中心）			1.5	—
灌木（中心）			1.5	—
车行道路面			—	0.7
地上敷设热力管道				
铁路钢轨			轨外侧3.0	轨底一般5.5，电气铁路6.55
电车钢轨			轨外侧2.0	—
公路	边缘		1.5	—
	断面		—	4.5
架空输电线	1kV以下		导线最大风偏时1.5	热力网管道在下面交叉通过导线最大垂度时1.0
	1～10kV		导线最大风偏时2.0	同上2.0
	35～110kV		导线最大风偏时4.0	同上4.0
	220kV		导线最大风偏时5.0	同上5.0
	330kV		导线最大风偏时6.0	同上6.0
	500kV		导线最大风偏时6.5	同上6.5
树冠			0.5（到树中不小于2.0）	—

注：① 表中不包括直埋敷设蒸汽管道与建筑物（构筑物）或其他管线的最小距离的规定；
② 当热力网管道的埋设深度大于建（构）筑物基础深度时，最小水平净距应按土壤内摩擦角计算确定；
③ 热力网管道与电力电缆平行敷设时，电缆处的土壤温度与月平均土壤自然温度比较，全年任何时候对于电压10kV的电缆不高出10℃，对于电压35～110kV的电缆不高出5℃时，可减小表中所列距离；
④ 在不同深度并列敷设各种管道时，各种管道间的水平净距不应小于其深度差；
⑤ 热力网管道检查室、方形补偿器龛与燃气管道最小水平净距亦应符合表中规定；
⑥ 在条件不允许时，可采取有效技术措施并经有关单位同意后，可以减小表中规定的距离，或采用埋深较大的暗挖法、盾构法施工。

B.0.6 排水管道与油管、压缩空气管等地下管线（构筑物）的最小净距应符合表 B.0.6 的规定。（摘自《室外排水设计规范》GB 50014—2006）

表 B.0.6 排水管道与油管、压缩空气管等地下管线（构筑物）的最小净距

名　　称	水平净距（m）	垂直净距（m）
油管	1.5	0.25
压缩空气管	1.5	0.15
氧气管	1.5	0.25
乙炔管	1.5	0.25
电车电缆	—	0.5
明渠渠底	—	0.5
涵洞基础底	—	0.15
再生水管	0.5	0.4
电车（轨底）	2.0	1.0
架空管架基础	2.0	—

注：① 表列数字中水平净距均指外壁净距，垂直净距系指下面管道的外顶与上面管道基础底间净距。
　　② 采取充分措施（如结构措施）后，表列数字可以减小。
　　③ 与建筑物水平净距，管道埋深浅于建筑物基础时，不宜小于 2.5m，管道埋深深于建筑物基础时，按计算确定，但不应小于 3.0m。

附录 C 电焊条规格

摘自《碳钢焊条》GB/T 5117—1995、《低合金钢焊条》GB/T 5118—1995

C.1 《碳钢焊条》GB/T 5117—1995

C.1.1 引用标准

GB 700 碳素结构钢

GB/T 1591 低合金高强度结构钢

GB 223.1~223.24 钢铁及合金化学分析方法

GB 2651 焊接接头拉伸试验方法

GB 2652 焊缝及熔敷金属拉伸试验方法

GB 2650 焊接接头冲击试验方法

GB 2653 焊接接头弯曲及压扁试验方法

GB 3323 钢熔化焊对接接头射线照相和质量分级

GB/T 3965 熔敷金属中扩散氢测定方法

C.1.2 型号分类

1 焊条型号根据熔敷金属的力学性能、药皮类型、焊接位置和焊接电流种类划分见表 C.1.2。

表 C.1.2 焊条型号分类

焊条型号	药皮类型	焊接位置	电流种类
E43 系列-熔敷金属抗拉强度≥420MPa（43kgf/mm²）			
E4300	特殊型	平、立、仰、横	交流或直流正、反接
E4301	钛铁矿型		
E4303	钛钙型		
E4310	高纤维素钠型		直流反接
E4311	高纤维素钾型		交流或直流反接
E4312	高钛钠型	平、立、仰、横	交流或直流正接
E4313	高钛钾型		交流或直流正、反接
E4315	低氢钠型		直流反接
E4316	低氢钾型		交流或直流反接
E4320	氧化铁型	平	交流或直流正、反接
		平角焊	交流或直流正接
E4322		平	交流或直流正接
E4323	铁粉钛钙型	平、平角焊	交流或直流正、反接
E4324	铁粉钛型		

续表

焊条型号	药皮类型	焊接位置	电流种类
E43 系列-熔敷金属抗拉强度≥420MPa（43kgf/mm²）			
E4327	铁粉氧化型	平	交流或直流正、反接
		平角焊	交流或直流正接
E4328	铁粉低氢型	平、平角焊	交流或直流反接
E50 系列-熔敷金属抗拉强度≥490MPa（50kgf/mm²）			
E5001	钛铁矿型	平、立、仰、横	交流或直流正、反接
E5003	钛钙型		交流或直流正、反接
E5010	高纤维素钠型		直流反接
E5011	高纤维素钾型		交流或直流反接
E5014	铁粉钛型		交流或直流正、反接
E5015	低氢钠型		直流反接
E5016	低氢钾型		交流或直流反接
E5018	铁粉低氢钾型		交流或直流反接
E5018M	铁粉低氢型		直流反接
E5023	铁粉钛钙型	平、平角焊	交流或直流正、反接
E5024	铁粉钛型	平、平角焊	交流或直流正、反接
E5027	铁粉氧化铁型	平、平角焊	交流或直流正接
E5028	铁粉低氢型		交流或直流反接
E5048		平、仰、横、立向下	

注：① 焊接位置栏中文字涵义：平——平焊、立——立焊、仰——仰焊、横——横焊、平角焊——水平角焊、立向下——向下立焊。
② 焊接位置栏中立和仰系指适用于立焊和仰焊的直径不大于 4.0mm 的 E5014、E××15、E××16、E5018 和 E5018M 型焊条及直径不大于 5.0mm 的其他型号焊条。
③ E4322 型焊条适宜单道焊。

2 焊条型号编制方法如下：字母"E"表示焊条，前两位数字表示熔敷金属抗拉强度的最小值；第三位数字表示焊条的焊接位置，"0"及"1"表示焊条适用于全位置焊接（平、立、仰、横），"2"表示焊条适用于平焊及平角焊，"4"表示焊条适用于向下立焊；第三位和第四位数字组合时表示焊接电流种类及药皮类型。在第四位数字后附加"R"表示耐吸潮焊条；附加"M"表示耐吸潮和力学性能有特殊规定的焊条；附加"-1 表示冲击性能有特殊规定的焊条。

C.2 《低合金钢焊条》GB/T 5118—1995

C.2.1 主题内容与适用范围

本标准规范了低合金钢焊条的型号分类、技术要求、试验方法及检验规则等内容。

本标准适用于具有药皮的手工电弧焊接用低合金钢焊条。

C.2.2　引用标准

GB 700　　　碳素结构钢

GB/T 1591　　低合金高强度结构钢

GB 223.1～223.24　钢铁及合金化学分析方法

GB 2652　　焊缝及熔敷金属拉伸试验方法

GB 2650　　焊接接头冲击试验方法

GB 2653　　焊接接头弯曲及压扁试验方法

GB 3323　　钢熔化焊对接接头射线照相和质量分级

GB/T 3965　　熔敷金属中扩散氢测定方法

C.2.3　型号分类

1　型号划分原则

焊条型号根据熔敷金属的力学性能、药皮类型、焊接位置和焊接电流种类划分型号，见表 C.2.3。

表 C.2.3　焊条型号分类

焊条型号	药皮类型	焊接位置	电流种类
E50 系列-熔敷金属抗拉强度≥490MPa（50kgf/mm²）			
E5003-X	钛钙型	平、立、仰、横	交流或直流正、反接
E5010-X	高纤维素钠型	平、立、仰、横	直流反接
E5011-X	高纤维素钾型	平、立、仰、横	交流或直流反接
E5015-X	低氢钠型	平、立、仰、横	直流反接
E5016-X	低氢钾型	平、立、仰、横	交流或直流反接
E5018-X	铁粉低氢型	平、立、仰、横	交流或直流反接
E5020-X	高氧化铁型	平角焊	交流或直流正接
E5020-X	高氧化铁型	平	交流或直流正、反接
E5027-X	铁粉氧化铁型	平角焊	交流或直流正接
E5027-X	铁粉氧化铁型	平	交流或直流正、反接
E55 系列-熔敷金属抗拉强度≥540MPa（55kgf/mm²）			
E5500-X	特殊型	平、立、仰、横	交流或直流正、反接
E5503-X	钛钙型	平、立、仰、横	交流或直流正、反接
E5510-X	高纤维素钠型	平、立、仰、横	直流反接
E5511-X	高纤维素钾型	平、立、仰、横	交流或直流反接
E5513-X	高钛钾型	平、立、仰、横	交流或直流正、反接
E5515-X	低氢钠型	平、立、仰、横	直流反接
E5516-X	低氢钾型	平、立、仰、横	交流或直流反接
E5518-X	铁粉低氢型	平、立、仰、横	交流或直流反接

续表

焊条型号	药皮类型	焊接位置	电流种类
E60 系列-熔敷金属抗拉强度≥590MPa（60kgf/mm²）			
E6000-X	特殊型	平、立、仰、横	交流或直流正、反接
E6010-X	高纤维素钠型		直流反接
E6011-X	高纤维素钾型		交流或直流反接
E6013-X	高钛钾型		交流或直流正、反接
E6015-X	低氢钠型		直流反接
E6016-X	低氢钾型		交流或直流反接
E6018-X	铁粉低氢型		
E70 系列-熔敷金属抗拉强度≥690MPa（70kgf/mm²）			
E7010-X	高纤维素钠型	平、立、仰、横	直流反接
E7011-X	高纤维素钾型		交流或直流反接
E7013-X	高钛钾型		交流或直流正、反接
E7015-X	低氢钠型		直流反接
E7016-X	低氢钾型		交流或直流反接
E7018-X	铁粉低氢型		
E75 系列-熔敷金属抗拉强度≥740MPa（75kgf/mm²）			
E7515-X	低氢钠型	平、立、仰、横	直流反接
E7516-X	低氢钾型		交流或直流反接
E7518-X	铁粉低氢型		
E80 系列-熔敷金属抗拉强度≥780MPa（80kgf/mm²）			
E8015-X	低氢钠型	平、立、仰、横	直流反接
E8016-X	低氢钾型		交流或直流反接
E8018-X	铁粉低氢型		
E85 系列-熔敷金属抗拉强度≥830MPa（85kgf/mm²）			
E8515-X	低氢钠型	平、立、仰、横	直流反接
E8516-X	低氢钾型		交流或直流反接
E8518-X	铁粉低氢型		
E90 系列-熔敷金属抗拉强度≥880MPa（90kgf/mm²）			
E9015-X	低氢钠型	平、立、仰、横	直流反接
E9016-X	低氢钾型		交流或直流反接
E9018-X	铁粉低氢型		
E100 系列-熔敷金属抗拉强度≥980MPa（100kgf/mm²）			
E10015-X	低氢钠型	平、立、仰、横	直流反接
E10016-X	低氢钾型		交流或直流反接
E10018-X	铁粉低氢型		

注：① 后缀字母 X 代表熔敷金属化学成分分类代号如 A1、B1、B2 等。
② 焊接位置栏中文字涵义：平——平焊；立——立焊；仰——仰焊；横——横焊；平角焊——水平角焊。
③ 表中立和仰系指适用于立焊和仰焊的直径不大于4.0mm 的 E××15-X、E××16-X 及 E××18-X 型及直径不大于3.5mm 的其他型号焊条。

2 型号编制方法

字母"E"表示焊条；前两位数字表示熔敷金属抗拉强度的最小值；第三位数字表示焊条的焊接位置，"0"及"1"表示焊条适用于全位置焊接（平、立、仰、横），"2"表示焊条适用于平焊及及平角焊，第三位和第四位数组合时表示焊接电流种类及药皮类型。后缀字母为熔敷金属的化学成分分类代号，并以短划"—"与前面数字分开，若还具有附加化学成分时，附加化学成分直接用元素符号表示，并在短划"—"与前面后缀字母分开。对于E50××-×、E55××-×、E60××-×型低氢焊条在熔敷金属化学成分分类后缀字母或附加化学成分后面加字母"R"时，表示耐吸潮焊条。

3 标准中焊条型号举例如下：

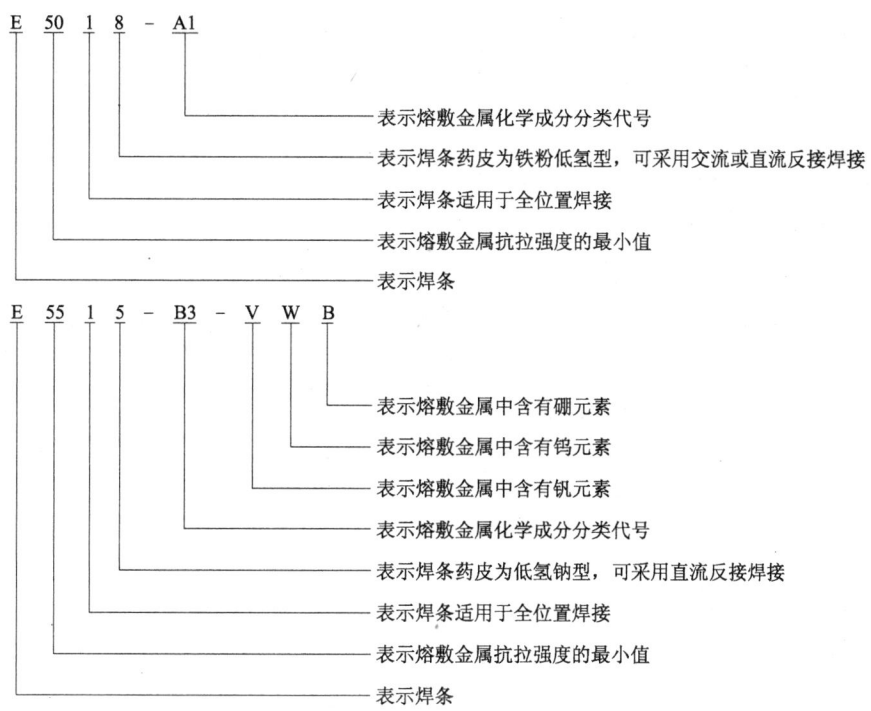

附录D 电力沟施工缝

电力沟施工缝防水基本构造三种形式

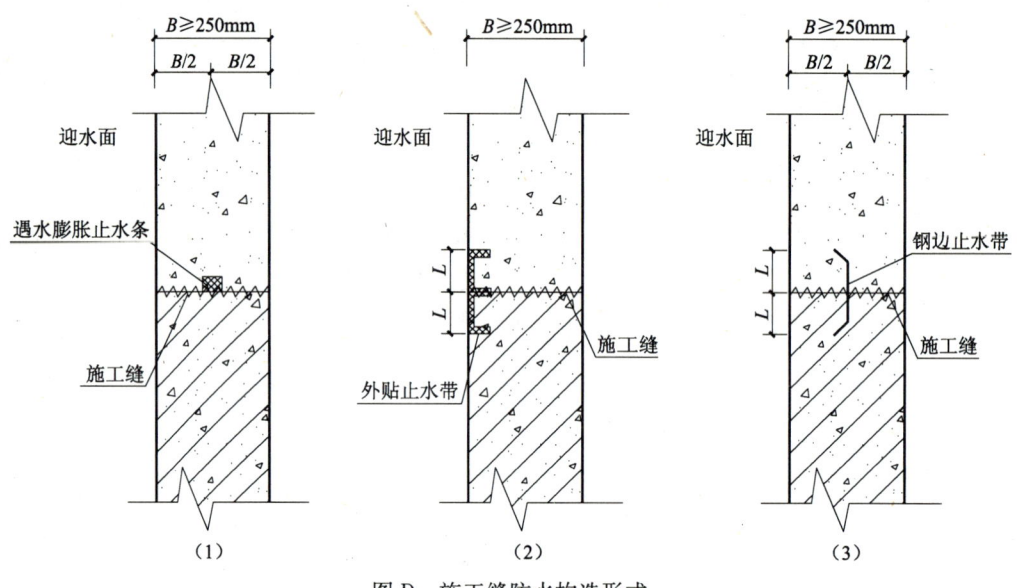

图D 施工缝防水构造形式

（1）施工缝防水基本构造；

（2）施工缝防水基本构造：外贴止水带 $L \geq 150mm$；外涂防水涂料 $L=200mm$；外抹防水砂浆 $L=200mm$

（3）施工缝防水基本构造：钢板止水带 $L \geq 100mm$；橡胶止水带 $L \geq 125mm$；钢边橡胶止水带 $L \geq 120mm$

附录 E 闭水法试验

E.0.1 闭水法试验应按下列程序进行：
1 试验管段灌满水后浸泡时间不应少于24h；
2 试验水头应按本规范第16.3节的规定确定；
3 当试验水头达规定水头时开始计时，观测管道的渗水量，直至观测结束时，应不断地向试验管段内补水，保持试验水头恒定。渗水量的观测时间不得小于30min；
4 实测渗水量应按下式计算：

$$q = \frac{W}{T \cdot L} \quad \quad (E.0.1)$$

式中 q——实测渗水量，L/(min·m)；
    W——补水量，L；
    T——实测渗水观测时间，min；
    L——试验管段的长度，m。

E.0.2 闭水试验应作记录，记录表格应符合表E.0.2的规定。

表E.0.2 管道闭水试验记录表

工程名称			试验日期		年 月 日
桩号及地段					
管道内径（mm）	管材种类		接口种类	试验段长度（m）	
试验段上游设计水头（m）	试验水头（m）		允许渗水量[m³/(24h·km)]		

渗水量测定记录	次数	观测起始时间 T_1	观测结束时间 T_2	恒压时间 T(min)	恒压时间内补入的水量 W(L)	实测渗水量 q[L/(min·m)]
	1					
	2					
	3					
	折合平均实测渗水量 [(m³/(24h·km)]					
外观记录						
评语						

施工单位：   试验负责人：
监理单位：   设计单位：
建设单位：   记录员：

附录 F 注水法试验

F.0.1 压力升至试验压力后开始计时,每当压力下降,应及时向管道内补水,但最大压降不得大于0.03MPa,保持管道试验压力恒定,恒压延续时间不得少于2h,并计量恒压时间内补入试验管段内的水量;

F.0.2 实测渗水量应按下列公式(F.0.1)计算:

$$q = \frac{W}{T \cdot L} \times 1000 \tag{F.0.1}$$

式中 q——实测渗水量,L/(min·km);
W——恒压时间内补入管道的水量,L;
T——从开始计时至保持恒压结束的时间,min;
L——试验管段的长度,m。

F.0.3 注水法试验应进行记录,记录表格可见表F.0.3的规定。

表F.0.3 注水法试验记录表

工程名称				试验日期		年 月 日
桩号及地段						
管道内径(mm)		管材种类	接口种类	试验段长度(m)		
工作压力(MPa)		试验压力(MPa)	15min降压值(MPa)	允许渗水量[L/(min·km)]		

渗水量测定记录	次数	达到试验压力的时间 t_1	恒压结束时间 t_2	恒压时间 T(min)	恒压时间内补入的水量 W(L)	实测渗水量 q[L/(min·m)]
	1					
	2					
	3					
折合平均实测渗水量 [L/(min·km)]						
外 观						
评 语						

施工单位:　　　　试验负责人:
监理单位:　　　　设计单位:
建设单位:　　　　记录员:

附录 G 本规程用词说明

G.0.1 执行条文严格程度的用词。

1 表示很严格,非这样做不可的用词:

正面词采用"必须";

反面词采用"严禁"。

2 表示严格,在正常情况下均应这样做的用词:

正面词采用"应";

反面词采用"不应"或"不得"。

3 表示允许稍有选择,在条件许可时首先应这样做的用词:

正面词采用"宜"或"可";

反面词采用"不宜"。

G.0.2 条文中指明必须按其他有关标准执行的写法为:"应按……执行"或"应符合……的要求(或规定)"。非必须按所指顶的标准执行的写法为"可参照……的要求(或规定)"。

条 文 说 明

7.2.2 根据现行《涂装前钢材表面锈蚀等级和除锈等级》GB 8923—88 的规定：

    1 将未涂装过的钢材表面原始锈蚀程度分为四个"锈蚀等级"，将未涂装过的钢材表面及全面清除过原有涂层的钢材表面除锈后的质量分为若干个"除锈等级"。

    2 以钢材表面的目视外观来表达锈蚀等级和除锈等级。评定这些等级时，应在适度照明条件下，不借助于放大镜等器具，以正常视力直接进行观察。

钢材表面的四个锈蚀等级分别以 A 、B 、C 和 D 表示，其文字叙述如下：

    A 全面地覆盖着氧化皮而几乎没有铁锈的钢材表面；

    B 已发生锈蚀，并且部分氧化皮已经剥落的钢材表面；

    C 氧化皮已因锈蚀而剥落，或者可以刮除，并且有少量点蚀的钢材表面；

    D 氧化皮已因锈蚀而全面剥离，并且已普遍发生点蚀的钢材表面。

    3 钢材表面除锈等级以代表所采用的除锈方法的字母"Sa"、"St"或"Fl"表示。如果字母后面有阿拉伯数字，则其表示清除氧化皮、铁锈和油漆涂层等附着物的程度等级。

    4 喷射或抛射除锈以字母"Sa"表示。有四个等级，其文字叙述如下：

Sa1 轻度的喷射或抛射除锈：钢材表面应无可见的油脂和污垢，并且没有附着不牢的氧化皮、铁锈和油漆涂层等附着物。

Sa2 彻底的喷射或抛射除锈：钢材表面应无可见的油脂和污垢，并且氧化皮、铁锈和油漆涂层等附着物已基本清除，其残留物应是牢固附着的。

Sa$2\frac{1}{2}$ 非常彻底的喷射或抛射除锈：钢材表面应无可见的油脂、污垢、氧化皮、铁锈和油漆涂层等附着物，任何残留的痕迹应仅是点状或条纹状的轻微色斑。

Sa3 使钢材表面洁净的喷射或抛射除锈：钢材表面应无可见的油脂、污垢、氧化皮、铁锈和油漆涂层等附着物，该表面应显示出均匀的金属色泽。

    5 对于手工和动力工具除锈过的钢材表面，有两个除锈等级，其文字叙述如下：

St2 彻底的手工和动力工具除锈。

钢材表面应无可见的油脂和污垢，并且没有附着不牢的氧化皮、铁锈和油漆涂层等附着物。

St3 非常彻底的手工和动力工具除锈。

钢材表面应无可见的油脂和污垢，并且没有附着不牢的氧化皮、铁锈和油漆涂层等附着物。除锈应比 St2 更为彻底，底材显露部分的表面应具有金属光泽。

又根据现行《建筑防腐蚀工程施工及验收规范》GB 50212—2002 的规定选用了 Sa1、Sa$2\frac{1}{2}$级，确定一、二级除锈标准，对于其他未作文字表述。且根据常用建筑防腐抛射除锈选用了 Sa1、Sa2 和 Sa2 $\frac{1}{2}$ 级；手工和动力工具除锈等级选用了 St2、St3 级。St3 级也叫"出白级"，是较为理想状态。

7.2.6 防腐层检测可用下列方法：

1 厚度：采用测厚仪。在测量截面圆周上按上、下、左、右 4 个点测量，以最薄点为准。

2 粘接力：采用剥离法。在测量截面上用力沿环向划开 100mm 宽的带，然后用弹簧秤与管壁成 90°角慢慢拉开，拉开速度不得大于 10mm/min，粘接拉力应大于 0.8N/mm，该测试应在缠好胶带 2h 后进行，每 1km 防腐管应测试 3 处。

3 连续性：采用电火花检测仪进行检漏。对管线进行全线检查，在防腐管标准厚度处特意制造针孔，使电火花刚好击穿针孔的电压为全线检测电压。检漏仪移动速度不得超过 0.3m/s，对所有放电处应作好记号，并用胶带修补。采用电火花检测仪检漏时，检漏电压应按下列公式计算：

1）防腐层厚度大于 0.5mm 时：

$$U = 7900 T^{1/2}$$

2）防腐层厚度小于或等于 0.5mm 时：

$$U = 3300 T^{1/2} 或 5V/\mu m$$

式中　T——防腐层平均厚度，mm；

　　　U——检漏电压，V。

7.3 管道连接焊接完成后，在强度与严密性试验前，必须对所有焊缝进行外观检查和对焊缝内部质量进行检验。外观检查应在内部检验前进行。

1 设计文件规定焊缝系数为 1 的焊缝或设计要求进行 100% 内部质量检验的焊缝，其外观质量不得低于现行《现场设备、工业管道焊接工程施工及验收规范》GB 50236 要求的 Ⅱ 级质量要求；对内部质量进行抽检的焊缝，其外观质量不得低于现行《现场设备、工业管道焊接工程施工及验收规范》GB 50236 要求的 Ⅲ 级质量要求。

2 焊缝内部质量应符合下列要求：

1）设计文件规定焊缝系数为 1 的焊缝或设计要求进行 100% 内部质量检验的焊缝，焊缝内部质量射线照相检验不得低于现行《钢管环缝熔化焊对接接头射线透照工艺和质量分级》GB/T 12605 中的 Ⅱ 级质量要求；超声波检验不得低于现行《钢焊缝手工超声波探伤方法和探伤结果分级》GB 11345 中的 Ⅰ 级质量要求。当采用 100% 射线照相或超声波检测方法时，还应按设计的要求进行超声波或射线照相复查。

2）对内部质量进行抽检的焊缝，焊缝内部质量射线照相检验不得低于现行《钢管环缝熔化焊对接接头射线透照工艺和质量分级》GB/T 12605 中的 Ⅲ 级质量要求；超声波检验不得低于现行《钢焊缝手工超声波探伤方法和探伤结果分级》GB 11345 中的 Ⅱ 级质量要求。

3 焊缝内部质量的抽样检验应符合下列要求：

1）管道内部质量的无损探伤数量，应按设计要求执行。当设计无规定时，抽查数量不应少于焊缝总数的 15%，且每个焊工不应少于一个焊缝。抽查时，应侧重抽查固定焊口。

2）对穿越或跨越铁路、公路、河流、桥梁、有轨电车及敷设在套管内的管道环向焊缝，必须进行100%的射线照相检验。

　　3）当抽样检验的焊缝全部合格时，则此次抽样所代表的该批焊缝应为全部合格；当抽样检验出现不合格焊缝时，对不合格焊缝返修后，应按下列规定扩大检验：

　　——每出现一道不合格焊缝，应再抽检两道该焊工所焊的同一批焊缝，按原探伤方法进行检验；

　　——如第二次抽检仍出现不合格焊缝，则应对该焊工所焊全部同批的焊缝按原探伤方法进行检验。对出现的不合格焊缝必须进行返修，并应对返修的焊缝按原探伤方法进行检验；

　　——同一焊缝的返修次数不应超过2次。

7.3.7-3 焊制弯管现已应用较少，多采用整体机械加工制作。此处系保留传统方法，遇小管时可采用。

9.1.1 承插式预应力（自应力）混凝土管，按其产品的分级，一般适用于工作压力0.4～1.2MPa。抗渗检验压力均为1.5倍工作压力，其安装方法没有大的区别。

9.2.1 用于给水管道橡胶圈的物理性能应符合表9.2.1所列的要求。

表9.2.1 橡胶圈物理性能

含胶量（%）	邵氏硬度（度）	拉伸强度（MPa）	伸长率（%）	永久变形（%）	老化系数（70℃，72h）
≥65	45～55	≥16	≥500	<25	0.8

9.7.10 本条中在干管上开孔连接的支管管径为干管管径的0.7倍时，干管应采用厚壁管或加固焊缝。

10.6.6 本条中第8～12款是关于固定件、支撑件、阀门、管件等处保温结构伸缩缝留置要求通常为：

　　1　两固定支架间的水平管道至少应预留一道伸缩缝；

　　2　立式设备及垂直管道，应在支承环下面留设伸缩缝。

　　3　弯头两端的直管段上，可各留一道伸缩缝。

　　4　两弯头之间的距离较近时可留一道伸缩缝。

　　5　管径大于300mm、介质温度大于120℃的管道应在弯头中部留一道伸缩缝。管道伸缩缝的宽度宜为20mm，设备伸缩缝的宽度宜为25mm。伸缩缝应采用导热系数与保温材料相接近的软质保温材料充填严密，捆扎牢固。

10.7.1 工厂预制直埋保温管道和管件应符合以下现行有关标准的规定：《高密度聚乙烯外护管聚氨酯泡沫塑料预制直埋保温管》CJ/T 114、《高密度聚乙烯外护管聚氨酯硬质泡沫塑料预制直埋保温管件》CJ/T 155和《玻璃纤维增强塑料外护管聚氨酯泡沫塑料预制直埋保温管》CJ/T 129。

10.7.4 直埋保温管道预警系统，即当管道运行中出现渗漏现象时，能进行告知的一种预报系统。随着管理技术提高和安全工作的要求，已开始增加安装此系统。

10.8 现行《供热术语标准》CJJ 55—93第5.3.15条规定检查井称作检查室，系指"地下敷设管线上，在需要经常操作、检修的管路附件处设置的专用构筑物"。故本规程中除供热管仍称作"检查室"外，其他给、排水、燃气、电力管道均称作"检查井"。

11.3.3-2 标准尺寸比（SDR）是指聚乙烯管材的公称直径（D_n）与其公称壁厚（e_n）的

12.0.7 明挖电力沟一般均采用防水措施以保证电力沟不渗漏。其主要防水措施有防渗混凝土、水泥砂浆防水层、聚合物改性沥青卷材防水层、自粘橡胶沥青防水层、双组分聚氨酯防水层等。变形缝、施工缝等防水薄弱环节应采取相应的构造措施。

13.3 盾构法施工是采用盾构机掘进的不开槽施工地下管道施工方法之一。宜用于管径1500mm 以上有特殊要求的长距离管段施工。随着盾构机的发展，大型管道、管渠也多采用此施工工法。

13.4 浅埋暗挖施工法是利用围岩在开挖过程中短时间的自稳能力。采取适当的支护措施，使围岩表面形成密贴型薄壁支护结构的不开槽施工工法。适用于北京地区第四世纪洪积地层中的黏质土层、砂、砂卵石等土层。宜用于直径2m 以上或相应跨径断面特殊管段施工。

13.5.10 定向钻机的钻进最大扭矩与最大拖力计算方法较多，应根据不同的机型、地质条件等合理选用。当采用水平定向钻机时，按其推拉力和扭矩分类一般适用工程范围见表13.5.10。

表13.5.10 水平定向钻机分类

参 数	分 类		
	小 型	中 型	大 型
推拉力（kN）	<100	100~450	>450
扭矩（kN·m）	<3	330	>30
功率（kW）	<100	100~180	>180
钻杆长度（m）	1.5~3.0	3.0~9.0	9.0~12.0
铺管直径（mm）	50~350	350~600	600~1200
铺管长度（mm）	<300	300~600	600~1500
铺管深度（m）	<6	6~15	>15

16.6.1 一级管网系由热源至热力站的供热管道系统；二级管网系由热力站至热用户的供热管道系统。

16.2.11 本条第4款是关于现浇给水管渠严密性试验渗水量的规定。当管渠的工作压力<0.1MPa 时，应进行闭水试验，见本规程7.8节有关规定。